Das Vordringen der Vereinigten Staaten im westindischen Mittelmeergebiet

Eine Studie über die Entwicklung und die Methoden des amerikanischen Imperialismus

von

Dr. Wahrhold Drascher

Wissenschaftl. Assistent der Handelskammer in Hamburg.

Mit einer Kartenskizze.

HAMBURG

L. Friederichsen & Co.

1918

Meiner lieben Mutter

Inhaltsübersicht.

Vorwort.

Die vorliegende Arbeit will keine erschöpfende Behandlung des Gegenstandes geben. Es ist ihre Absicht, in großen Zügen zu zeigen, auf welche Weise es den Vereinigten Staaten gelungen ist, im Laufe eines Jahrhunderts sich ein Gebiet anzugliedern, dessen Entdeckungs- und Besiedelungsgeschichte zu den stolzesten Überlieferungen der europäischen Kolonialmächte gehört und an dessen Entwicklung in den letzten 50 Jahren deutsche Arbeit und deutsches Kapital, vor allem auch der Hansestädte, hervorragenden Anteil gehabt hat.

Dreierlei werden wir erkennen: Die gewaltige Kraft des amerikanischen Imperialismus, die überaus geschickten Methoden der Angliederung schwächerer Gebiete seitens der Vereinigten Staaten und den unaufhaltsamen Rückgang der europäischen Machtstellung in Amerika.

Wenn dies Buch dazu beiträgt, auch für unsere deutsche Zukunft einige bedeutungsvolle Hinweise zu geben, so ist der Zweck der Arbeit erfüllt.

Hamburg, im Juni 1918.

Dr. Wahrhold Drascher.

Voruntersuchungen.

Amerikanische und europäische Expansion.

Die Sonderstellung, welche die Vereinigten Staaten von Amerika während des ganzen 19. Jahrhunderts in der Weltpolitik eingenommen haben und deren Festhalten Washington in seiner berühmten Abschiedsadresse als die oberste Pflicht jedes amerikanischen Bürgers bezeichnet hat, besteht heute nicht mehr. Die Vereinigten Staaten sind in den Kreis der Weltmächte eingetreten und mit jeder von ihnen durch viele Verknüpfungen verbunden. Hat auch der Weltkrieg erst gezeigt, wie weit dieser Prozeß fortgeschritten war, so ist doch der Gang dieser Entwicklung schon von mancher Seite vorausgesehen worden. 1910 hat Hermann Oncken in seinem Aufsatze „Amerika und die großen Mächte" darauf hingewiesen, daß dieselben Gewalten, die in Europa den Verlauf der Geschichte entscheidend beeinflußt haben und immer beinflussen werden, auch jenseits des atlantischen Ozeans wirksam und tätig sind, und daß über kurz oder lang Amerika auch in die Konflikte, die wir vorzugsweise als europäische anzusehen gewohnt sind, hereingezogen werden würde. Der Ranke'sche Glaube, daß in der „Auswärtigen Politik der Staaten das oberste Prinzip ihres gesamten Handelns zusammenfließt"[1]) schien, wie Oncken ausführt, im Anfange der Geschichte Nord-Amerikas nicht zuzutreffen, aber es schien auch nur so. Die Tendenz, die auswärtige Politik nur als notwendiges Übel zu betrachten, und der Glaube, daß ihr gegenüber der inneren Entwicklung nur eine sekundäre Bedeutung zukomme, ist mehr und mehr von der Anschauung verdrängt worden, daß nur eine kräftige auswärtige Politik die Früchte einer gesunden inneren Politik zu pflücken vermag. Treffend weist Oncken nach, wie im Laufe des 19. Jahrhunderts sich diese Wahrheit erst latent, dann in Worten und zuletzt in einer großartigen Expansion nach außen in das politische Leben

[1]) Hermann Oncken, Amerika und die großen Mächte (Lenz Festschrift Seite 423).

umgesetzt hat, und er kommt zuletzt zu dem Schluß, daß „der Schauplatz, auf dem Ranke die europäischen Mächte miteinander entstehen sah, sich längst über die Welt ausgedehnt hat, daß aber die treibenden Kräfte, die hinter den Weltmächten des 20. Jahrhunderts stehen, die gleichen wie früher sind."[1])

Der Kolonistengeist hat die Amerikaner rastlos zur Durchforschung und Besiedelung ihres weiten Kontinents vorwärts getrieben, jedem Amerikaner war der Drang zur Expansion sozusagen angeboren. Worin liegt aber eigentlich der Unterschied zwischen amerikanischer und europäischer Expansion? Um es in einem kurzen Satz zu sagen: Die europäischen Staaten mußten, um sich auszudehnen, vor allem Menschen besiegen; die Vereinigten Staaten aber die Natur. Die alte Welt brauchte vornehmlich Waffen, die neue Kapital und Arbeit. Seitdem aber, etwa seit den 90er Jahren des vergangenen Jahrhunderts, der Imperialismus seinen Siegeszug über die Welt angetreten hat und Europa in Afrika und Asien ähnliche Betätigungsgebiete fand, wie es der Westen den Vereinigten Staaten darbot, begannen sich die Methoden amerikanischer und europäischer Expansion mehr und mehr zu gleichen; denn auch in der neuen Welt wurde die Waffe und die Drohung mit der Waffe eins der Hauptwerkzeuge des Imperialismus, während die alte Welt wiederum in steigendem Maße ihr Kapital zur wirtschaftlichen Eroberung weiter Flächen verwandte. Der moderne Imperialismus, den wir bestimmen wollen, als die Überwindung und feste Zusammenschweißung weiträumiger Gebiete durch praktische und ideelle Machtmittel eines Staates bis zu dem Grade, daß der erobernde Staat und seine Vasallengebiete als geschlossene Masse ihr Gewicht in die Wagschale der Welthändel werfen können, ist erwachsen aus Wurzeln, die ebenso sehr in Europa wie in Amerika liegen. Die Methoden des amerikanischen Imperialismus, wie sie sich im Laufe des 19. und 20. Jahrhunderts geoffenbart haben, sollen an einem Beispiele, nämlich der Ausbreitung der Vereinigten Staaten im westindischen Mittelmeergebiet im folgenden gezeigt werden.

---

[1]) Oncken, a. a. O. Seite 480.

Das westindische Mittelmeergebiet.

Das westindische Mittelmeer ist eine, in das amerikanische Festland hineingestoßene Bucht des Atlantischen Ozeans, durch den Antillenbogen nicht allzu dicht vom offenen Weltmeer abgetrennt, dagegen auf den drei andern Seiten von den durch eine schmale Landbrücke verbundenen amerikanischen Kontinenten umschlossen. Obwohl die Entfernung nach Europa bedeutend weiter ist als die zum nordamerikanischen Festland und nur unwesentlich geringer, als die zum Hauptteil des südamerikanischen, hat diese See doch lange Jahrhunderte hindurch eine Monopolstellung in der Erschließung der neuen Welt eingenommen. Die Geschichte der Entdeckung Amerikas macht uns das begreiflich: hierhin, in das Gebiet des westindischen Mittelmeeres führte das Schicksal zuerst den Entdecker der neuen Welt; alle seine Fahrten hat er der Erforschung der Inseln und Küsten Mittelamerikas gewidmet. Seine Nachfolger erkannten bald, daß die Europa zugekehrte Seite Amerikas festen Inselrückhalt bot und man, von den Randgebieten ausgehend, am leichtesten in das Innere vorstoßen konnte, weil die Verbindung mit Europa eben durch die Beherrschung des Zwischenmeeres gesichert blieb. Das westindische Mittelmeer hat Auswirkungsmöglichkeiten nach zwei Seiten; als Zwischenglied Europa-Amerika und Nordamerika-Südamerika. Die Eröffnung des Panamakanals fügt dazu noch seine Bedeutung für die Verbindungen Asien-Amerika und Westamerika-Ostamerika. In sich selbst ist das westindische Mittelmeer genügend abgeschlossen, um als selbständiges Kultur- und Wirtschaftsgebiet auf geographischer Grundlage angesehen werden zu können. Was gehört nun in die Betrachtung dieses abgeschlossenen Kreises?

Wie bei jedem Meer, die Inseln und die Randländer, wobei gleich hier bemerkt sei, daß auch die Inseln als Rand, nämlich gegen den Atlantischen Ozean und Europa aufzufassen sind. Zu den Gebieten, die in der Hauptsache auf das westindische Mittelmeer angewiesen sind, gehören sämtliche Antillen und ferner derjenige Teil des zentralamerikanischen Festlandes, der vom Stillen Ozean durch die Kordilleren getrennt wird. Das östliche Mittelamerika vermag, da seine Bodengestaltung eine regere Landverbindung nach Westen ausschließt, fast nur durch die westindischen Gewässer mit dem Weltverkehr in Verbindung zu treten, während die Inseln durch den Atlantischen Ozean direkten Anteil an ihm haben. So sind Inseln wie Randländer sehr stark daran interessiert, wer das Meer beherrscht; ja, diese Frage ist für sie der entscheidende Faktor ihres gesamten Ergehens gewesen und wird es auch stets in Zukunft sein. Die nördlichen und südlichen Randländer sind bei weitem nicht so ausschließlich auf das westindische Mittelmeer angewiesen, weil die großräumigen Kontinente gewaltige Hinterländer und zentrifugale Elemente bilden, die die Randgebiete zu sich hinüberziehen; wozu bei Nordamerika noch der Einfluß des Atlantischen Ozeans kommt, der den Süden der Union über Land zu den östlichen Uferstaaten hinzieht, welche eine herrschende Stellung im inneren Leben der Republik auch jetzt noch einnehmen. Dagegen gebietet in Südamerika die Bodengestaltung, die durch ein hohes Gebirge die Küsten vom urwaldbedeckten und schwachbesiedelten Hinterland abschneidet, dem Einfluß des westindischen Mittelmeeres bald Einhalt.

Es gehören also zum unmittelbaren politischen und wirtschaftlichen Einflußgebiet des westindischen Mittelmeeres: von den Vereinigten Staaten die unserer See zugekehrten Landstriche der Staaten Florida, Alabama, Mississippi, Louisiana, Texas, von Mexiko die Küstenprovinzen Tamaulipas, Veracruz, Tabasco, Campêche; dann die ganze Halbinsel Yucatan; der größte Teil der Staaten Honduras, Nicaragua, Costarica und Panama, sowie die Küstenstriche im Norden Columbiens und Venezuelas und die Gesamtheit der westindischen Inseln. Natürlich sind für unsere Betrachtung die Schicksale dieser Küstengebiete von denen der sie beherrschenden Staaten nicht völlig zu trennen; liegt doch auch das Schwergewicht der meisten auf der atlantischen Seite. Geographisch wie wirtschaftlich wird das ganze Gebiet durch seine Zugehörigkeit zur tropischen oder stark subtropischen Zone bis zu einem gewissen Grade geeint. Während wir aber zwischen den sanft gewellten, von großen Strömen durchzogenen weiten Flächen des südlichen Nordamerika und den von hohen, oft vulkanischen Felsmassiven durchzogenen, zerklüfteten Gebieten Zentralamerikas, denen an der Küste ein ungesundes, von regenfeuchten Urwäldern bedecktes Tiefland vorgelagert ist, unterscheiden müssen (der Wendekreis des Krebses trennt ungefähr beide), finden wir die wirtschaftliche Einheit viel deutlicher ausgeprägt. Beinahe alles, was wir mit dem Namen Kolonialwaren bezeichnen, gedeiht in diesen Gebieten: die Baumwolle wird in Texas und Mississippi ebenso gepflanzt wie auf Haiti und den kleinen Antillen; und in Jamaica wie auf dem mittelamerikanischen Festland gedeiht die Banane. Natürlich ist es nur, daß, wie überall sonst auf der Welt, jedes Bodenprodukt an einzelnen, ihm besonders zusagenden Stellen, sich besser entwickelt als an andern, weniger begünstigten.

Für unsere Betrachtung ist es nötig, wenigstens kurz auf die Einzelheiten der geographischen Lage, soweit sie für die Schicksale der Gebiete Bedeutung haben, einzugehen. Ein erster Blick auf die Karte zeigt, daß das westindische Mittelmeer in zwei große Teile zerfällt, die durch die Westhälfte Cubas und die Halbinsel Yucatan getrennt werden: in den Golf von Mexiko und das Karibische Meer. Die an sich so günstige Lage konnte Cuba erst ausnutzen, als es sich wirtschaftlich wie politisch gefestigt hatte; so trat es im 19. Jahrhundert an die Stelle San Domingos, das sich von den Schäden, welche ihm die Negerherrschaft zugefügt hat, nicht wieder zu erholen vermochte.

Der Hauptgrund für die befremdende Tatsache, daß das Meer den nordamerikanischen und südamerikanischen Kontinent in der Vergangenheit nicht mehr verbunden hat, als es geschehen ist, erblicken wir in den vielen Hindernissen, die gerade diese Gewässer der Schiffahrt bieten. Sie sind verschiedener Art: die ungesunde Lage der Küstenstriche, die vielen Untiefen, die wenigen guten Häfen, dazu vor allem die fruchtbaren Orkane, die im Sommer das ganze Gebiet zu einem Schrecken für jeden Schiffer machen und auch die wirtschaftliche Lage der Antillen dauernd mit dem Untergang bedrohen, sind die Hauptgründe gewesen, die das Meer an der Erfüllung seiner natürlichen Bestimmung, der Verbindung von Nord- und Südamerika, gehindert haben. Der Europäer dagegen hat sich durch diese Schwierigkeiten nicht abhalten lassen, das westindische Mittelmeer seinem Machtbereich einzuverleiben.

Die besten und am leichtesten zu durchfahrenden Verbindungen mit dem Atlantischen Ozean sind die Floridastraße (zwischen Florida und Cuba), die wichtige Windwardpassage (zwischen Cuba und Haiti) und neben der Monapassage (Haiti-Portorico) die Anaguada-Fahrstraße, an der St. Thomas liegt. Im Süden kommen noch einige Durchfahrten zwischen den kleinen Antillen dazu, von denen die bei Barbados die wichtigste ist. Die Kontrolle dieser Wege in die Hand zu bekommen haben die europäischen Kolonialmächte immer und immer wieder versucht und die Länder und Inseln, welche diese Straßen beherrschen, haben zu allen Zeiten als die erstrebenswertesten gegolten.

Die spanische Kolonialzeit.

Es war für Errichtung des spanischen Kolonialreiches in der neuen Welt von unberechenbarer Bedeutung, daß Kolumbus auf seinen ersten Fahrten gerade nach Westindien gelangte; denn auf diese Weise erhielt Spanien die für die Entdeckung und Erschließung Amerikas notwendige Basis in den Antillen, die alsbald zu Bollwerken der neuen Herrschaft ausgebaut wurden. Und was zunächst mehr dem Zufall der Entdeckung zu verdanken war, wurde bald von dem kolonialpolitischen Scharfblick der Spanier erkannt, nämlich, daß „die Zugänge zu den Randmeeren naturgemäß immer zugleich Tore in das Innere eines Festlandes sind"[1]), wie es Ratzel später ausgedrückt hat. Hier im westindischen Mittelmeer lag durch lange Jahrhunderte das Herz und der Kern des spanischen neuen Reiches. Von hier aus, nicht direkt vom Mutterlande, wurden die weiten Züge nach Darien und dem Goldlande Peru unternommen; hier sammelten sich die jährlichen Handelsflotten, ehe sie die gefährliche Reise nach dem Mutterlande, antraten. Schon früh waren sich die Konquistadoren bewußt, daß von der Behauptung der großen Antillen das Sein oder Nichtsein aller amerikanischen Besitzungen abhing. Darum gerade hier die schonungslose Ausrottung der Eingeborenen, wie sie sich in keinem anderen Gebiete in diesem Umfang wiederholt hat. Um trotzdem die Mineralschätze heben und die Plantagen genügend bewirtschaften zu können, mußten schon seit 1517 Neger aus Afrika eingeführt werden; diese leisteten bessere Arbeit und konnten, da ihnen das Heimatsgefühl fehlte, nie so gefährlich werden wie die Indianer, die man nun nicht mehr benötigte. Man wollte hier ein neues Spanien schaffen, und duldete deshalb keine Mischbevölkerung. Die großen Inseln sollten dem Vaterlande gleichwertig sein. Mit diesen Maßnahmen trennte Spanien die Antillen von dem übrigen Mittelamerika: letzeres war ein neues Reich,

[1]) Ratzel, Das Meer als Quelle der Völkergröße. S. 20.

erstere stellten die vorgeschobensten Posten des Mutterlandes dar. Noch Jahrhunderte später äußerte sich dies darin, daß man nach dem Abfall der anderen Kolonien Cuba und Portorico, die aus diesen Gründen auch am längsten beim alten Vaterlande verblieben sind, zu spanischen Provinzen machte.

Die zerklüfteten, dünn bevölkerten und schwer zugänglichen Gebiete des mittelamerikanischen Festlandes, also der westliche Rand des westindischen Mittelmeeres, hatte naturgemäß eine andere Entwicklung. Zunächst war, abgesehen von dem silberreichen Mexiko, das Interesse Spaniens an diesen Gegenden bedeutend geringer; man begnügte sich mit der Beherrschung der Indianer, der Abweisung fremder Angriffe und der Sicherstellung der Verbindung mit dem Stillen Ozean. Da nun gerade hier besonders lebenskräftige eingeborene Stämme wohnten, so bildeten bald die Mischlinge aus den vornehmen Indianerfamilien und den spanischen Eroberern eine herrschende Klasse. Während im allgemeinen in Südamerika die Lateiner bei der Rassenmischung zwischen Spaniern und Eingeborenen sich überlegen zeigten, waren es in Mittelamerika die Indianer, welche, vielleicht weil sie von der spanischen Kultur nur wenig oberflächlich annahmen, sich als die Stärkeren erwiesen. Mittelamerika erhielt infolgedessen eine wesentlich andere Struktur, wie der Südteil des Erdballes, eine Tatsache, die man nie aus den Augen verlieren darf und die aller Voraussicht nach auch die Zukunft des Landes entscheidend beeinflussen wird. „Central America is not Latin America, but Indo America"[1]) wie ein moderner Amerikaner diese Tatsache kennzeichnete.

Mexiko und Peru waren die beiden wichtigsten spanischen Vizekönigreiche in der neuen Welt; zu beiden führte der Weg über das westindische Mittelmeer; hierher, wo Silber und Gold zu gewinnen war, strömten die Abenteurer. Kein Wunder, daß die nördlichen und südlichen Randländer keine Bedeutung zu erlangen vermochten. Wandte man Venezuela wegen seines Goldreichtums noch einiges Interesse zu, so wurde die Südküste des nordamerikanischen Kontinents erst in dem Augenblick für Spanien wichtig, als sich andere Nationen hier festzusetzen drohten. Im 17., ja, bis tief ins 18. Jahrhundert hinein galten die kleinen Antillen, die Spanien nach und nach an die damaligen Kolonialgroßmächte hatte abgeben müssen, als die erstrebenswertesten Besitzungen

[1]) G. Palmer, Central America and its problems S. 243.

der ganzen Welt. 1655 hatte England Jamaica besetzt, etwas früher Frankreich sich auf den kleinen Antillen und Tortuga Operationsbasen gegen den spanischen Besitz in der neuen Welt geschaffen. Alles, was an Kolonialprodukten in Europa begehrt wurde, vom Zucker und Indigo bis zum Tabak und Nutzholz, wurde hier gewonnen. Immer neue Sklavenscharen wurden herbeigeschleppt, um auf den Plantagen zu frohnen. Der Luxus der großen Besitzer wuchs und lockte Tausende nach dem fernen Westindien, wo noch so viel, und, wie es ihnen schien, auf so leichte Weise zu gewinnen war. Der dauernde Kampf der Mächte gegen Spanien und untereinander machte das westindische Mittelmeer schon damals zum gesegneten Land der Abenteurer, was es bis heute in vieler Hinsicht geblieben ist. Die kleinen Inseln und unzugänglichen Häfen boten genügend Schlupfwinkel für die Bukanier und Flibustier, die das ganze Meer in der Folgezeit unsicher machten, ohne daß eine Regierung stark genug gewesen wäre, dem Treiben Einhalt zu gebieten.

Erst zu Beginn des 18. Jahrhunderts wurden die Verhältnisse gefestigter. Das ganze Festland, vom Rio Grande del Norte südwärts, war in spanischen Händen, im Norden kämpften Franzosen, die längs des Mississippi hinabgekommen waren, mit den Spaniern um die südlichen Randländer von Nordamerika; die Antillen waren in der Weise geteilt, daß Cuba und Portorico spanisch, der größte Teil Haitis französisch und Jamaica englisch waren, während an dem kleinen Antillenbesitz fast alle Kolonialmächte Anteil hatten. In langdauernden Kriegen kämpften sie alle um die Vorherrschaft über das Inselmeer, von denen eine Perle, Guadeloupe, vielen Engländern im Pariser Frieden 1763 so wertvoll erschien, daß sie ihre Regierung drängten, lieber das weite Kanada an Frankreich zurückzugeben, als diese einzige Insel.

Das Vordringen der Vereinigten Staaten im westindischen Mittelmeergebiet.

Kapitel I.

Die Neu-Englandkolonien und Westindien.

Bis zur Mitte des 18. Jahrhunderts war es den Engländern gelungen, den ganzen Ostrand des nordamerikanischen Festlandes mit ihren Volksgenossen zu besiedeln; diese Kolonien hatten sich zu lebensfähigen Gemeinwesen entwickelt. Versperrten ihnen auch noch spanische und französische Besitzungen den Zugang zum westindischen Mittelmeer, so konnte es doch nicht ausbleiben, daß sich alsbald zwischen den Neu-Englandkolonien und Westindien Schiffahrts- und Handelsbeziehungen anbahnten, im Frieden und nach den englischen Antillen in legaler Fahrt, zu Kriegszeiten und nach den lateinischen Besitzungen in Schmuggel und Kampf. Etwa seit Beginn des 18. Jahrhunderts bemerken wir in größerem Maße den auch jetzt noch wichtigsten Verkehr zwischen dem nordamerikanischen Festlande und den westindischen Inseln; nämlich den Lebensmittelhandel. In reicher Fülle lieferten immer mehr die Neu-England-Staaten vor allem Holz, Getreide und Fettstoffe, die Produkte der gemäßigten Zone, an ihre südlichen Nachbarn. Diese bedurften Zuschüsse der genannten Waren, da ihr eigenes Gebiet zum Anbau von nicht tropischen Nutzpflanzen, wie vor allem von europäischem Getreide — eine für die auf den Antillen lebenden Europäer unentbehrliche Ware —, teils nicht geeignet war, teils aber auch aus Verdienstrücksichten durch die bei weitem erträglicheren Kolonialwarenplantagen ausgenutzt wurde. Mit der Zeit ersetzte die Einfuhr des amerikanischen Getreides völlig diejenige aus Europa. Es ist nur natürlich, daß, je weiter sich die amerikanischen Festlandskolonien dem Golf von Mexiko näherten, desto größer auch die Handelsbeziehungen mit Westindien wurden, was wiederum ein Wachsen des Interesses für diese fruchtbaren

Inseln zur Folge hatte. Befanden sich auch umfangreiche englische Besitzungen im Norden und Süden, so mangelte doch jede Einheitlichkeit der Regierung zwischen beiden, es fehlte sogar jedes Gefühl für die Tatsache, wie sehr eigentlich die britischen Antillen und Nordamerika auf einander angewiesen waren. Stärker als Einheitlichkeit des politischen Regiments es je hätte tun können, wiesen eben wirtschaftsgeographische Beziehungen besonders den Süden der Neu-Englandkolonien auf Westindien hin. Waren doch durch Klima und Bodenbeschaffenheit die englischen Kolonien auf dem amerikanischen Festlande in zwei ganz ungleiche Gebiete geschieden, die durch den Potomac, den amerikanischen Main, getrennt wurden. Während im Norden bürgerliche Puritaner in schwerer Handarbeit sich Lebensverhältnisse, wie sie denen der alten Heimat ähnlich waren, in einem dem europäischen ähnlichen Klima schufen, war dies im Süden weniger der Fall. Das heiße, vielfach ungesunde Land mit den weiten Ebenen und dem Klima, in dem schon Tropenprodukte gediehen, schien eher geschaffen für Großgrundbesitz und Plantagenarbeit. Diese geographischen Unterschiede fanden auch in der Besiedelung Ausdruck; meistens war es der Adel, der sich hier Landstriche zuteilen ließ, um weite Pflanzungen, vor allem von Tabak, dem damals begehrtesten Kolonialprodukt, anzulegen. Virginien und das 1663 gegründete Carolina gehörten zu dieser Art; die engen Beziehungen mit Westindien finden darin ihren Ausdruck, daß die Besiedelung zum großen Teile von Barbados und den englischen Antillen aus erfolgte. Am engsten aber wurde der Süden mit Westindien durch das gemeinsame Sklaveninteresse verknüpft. Seit 1620 wurden in Virginien schwarze Sklaven gebraucht und je mehr die Besiedelung und Kultivierung des Gebietes fortschritt, desto mehr schwarze Ware wurde notwendig. Dieser Handel ging nun durchaus über Westindien. Die Sklavenschiffe luden auf den Antillen Rum — Zucker war schon längst Hauptprodukt der Kolonien im westindischen Mittelmeer — tauschten dafür in Afrika Sklaven und brachten diese dann nach ihrem Ausgangshafen zurück, von wo aus die Schwarzen mit neuenglischen Schiffen als Rückfracht für die ausgeladenen Waren (Holz, Fleisch und Getreide) nach Nordamerika versandt wurden. Im Handel und Verkehr, in Lebensgewohnheiten und Anschauungen stand schon damals die südliche Pflanzer-Aristokratie ihren Standesgenossen in Westindien näher, als ihren Volksgenossen im Norden. Das Problem der Beschaffung und Niederhaltung der schwarzen Arbeiter erwies sich als festes Band zwischen beiden. Auch in engen verwandtschaftlichen Beziehungen fand dies seinen Ausdruck; daneben lockte das reiche Geistesleben, was sich in Neu-England, besonders in Boston zu entwickeln begann, tatenfrohe und wißbegierige Westindier nach Norden, so den jungen Hamilton, der 1772 von den Leeward-Inseln nach dem Lande seiner großen Zukunft übersiedelte. Die territoriale Ausbreitung Neu-Englands nach Süden ging unaufhaltsam vor sich; 1732 gründete der englische Edelmann James Oglethorpe seine Besitzung Georgia für die „Mühseligen und Beladenen"; seitdem sie 1754 als Kronkolonie in die Hände des Staates übergegangen war, trennte nur noch eine schmale Schranke die Angelsachsen vom Zugang zum Westindischen Mittelmeer. Noch hielten Spanier und Franzosen seine Küsten in ihrer Hand.

In der Mitte des 16. Jahrhunderts waren die Spanier auf der Suche nach Gold von Süden her nach Florida vorgedrungen und hatten 1565 an der atlantischen Seite St. Augustine, die älteste Stadt Nordamerikas, gegründet. Für sie bedeutete Florida damals wenig: es barg keine Schätze an Gold, war im Innern von Sümpfen und Wäldern bedeckt und von unzugänglichen Eingeborenen bewohnt. Hier sei nebenbei gleich bemerkt, daß die Spanier den ganzen Nordrand des Golfes von Mexiko bis zum Panuco (Rio Grande del Norte) unter dem Namen Florida zusammenfaßten. Die günstige Lage der Halbinsel und der vorgelagerten Felseilande, die es leicht machen, den Zugang zum Golf von Mexiko zu sperren, war jedoch den Spaniern nicht entgangen. Herrera schreibt schon 1622 in seiner offiziellen „Descriptions des Indes Occidentales": „Sainct Augustine, qui est la principale (sc. de Florida), à cause qu'il a un bon port, et qu'elle est plus prochaine du Canal de Bahama, distant comme cinquante lieues de les Martires, qui sont des islettes peuplés joint à la pointe de Florida, ou elle s'approche le plus de Cuba——"[1]) Der ganze übrige Teil des Nordrandes des Golfes von Neu-Spanien mit all den Riesenmöglichkeiten, die der Mississippi bot, blieb den Spaniern zunächst so gut wie unbekannt und Herrera berichtet, daß es dort fast keine Spanier gebe.[2]) Die spanische Macht blieb auf das karibische Meeresgebiet und die Beherrschung seiner

[1]) Herrera, A. d., Description des Indes Occidentales. S. 21.

[2]) Derselbe, S. 23.

Zugänge beschränkt. Erst, als englische und französische Bestrebungen der spanischen Herrschaft an diesen Küsten gefährlich zu werden drohten, sandte letztere Schiffe und Truppen und ließ 1696 das Fort Pensacola an einer der schwer zugänglichen und deshalb leicht zu verteidigenden Buchten des Golfes von Mexiko errichten. Frankreich hatte schon früher versucht, sich in Florida festzusetzen, war jedoch von Spanien daran gehindert worden; die französischen Ansiedlungen wurden zerstört, die Ansiedler getötet (1565). Diese Tat führte zur Entstehung der Flibustier, d. h. der französischen Freibeuter, die ihre Landsleute zu rächen versuchten und eine schwere Plage für alle Küsten Westindiens wurden. Seit dieser Zeit blieb bei den Franzosen das Interesse für Westindien dauernd wach, besonders, nachdem ein Teil der Antillen in ihre Hände gelangt war. Als nun 1682 La Salle den Mississippi hinab fuhr und es somit möglich erschien, einen Teil, wenn nicht gar den ganzen nordamerikanischen Kontinent dem Lilienbanner zu unterwerfen, da wandte Frankreich dem südlichen Zugang dieses Gebietes zum Weltmeer naturgemäß die größte Aufmerksamkeit zu. Um die Mississippi-Mündung als Kern begann sich eine französische Ansiedlung nach der andern zu erheben: 1702 wurde Mobile, 1717 Neu Orleans gegründet und das ganze Gebiet zu Ehren des französischen Königs Louisiana genannt. Entsprach auch der Besiedelungserfolg bei weitem nicht den aufs höchste gespannten Erwartungen, so gelang es doch wenigstens der Krone, die 1733 das Gebiet wieder aus Privathänden übernahm, den äußeren Umfang aufrecht zu erhalten und seine Wegnahme durch die Engländer während der vierziger Jahre zu verhindern. In der französischen Bevölkerung im Mündungsgebiet des Mississippi und auf den Antillen hatte man sich Anhänger erworben, mit deren Unterstützung vielleicht später einmal die Errichtung eines großen Kolonialreiches in Westindien glücken konnte, ein Gedanke, den später Napoleon wieder aufgenommen hat.

Der 1755 ausbrechende Krieg gab den dauernden Grenzfehden, die seit Ende der dreißiger Jahre zwischen den vordrängenden Ansiedlern aus Georgia, den Franzosen aus Louisiana und den Spaniern aus Florida getobt hatten, erhöhte Bedeutung; seitdem 1762 Spanien an Frankreichs Seite in den Krieg eingetreten war, wurde die Lage für England ernst. Um diese Not abzuwehren, arbeitete das Heer der amerikanischen Kolonisten und die königliche

Flotte in Westindien eng zusammen; hierdurch wurde man in London auf die Wichtigkeit der Herstellung eines Zusammenhanges der nordamerikanischen Festlandskolonien und der Antillenbesitzungen eigentlich erst aufmerksam. Sobald die militärische Lage sich besserte, versuchte man ein Bindeglied zwischen beiden in die Hand zu bekommen. 1762 besetzte eine gelandete englische Truppenmacht Cuba, so daß nur noch das Floridagebiet die durchgehende Verbindung zwischen Nord und Süd verhindert. Das beispiellose Aufblühen der „Perle der Antillen“ zur Zeit der englischen Besetzung zeigte klar, von welch unermeßlichem Vorteil eine dauernde Verbindung zwischen Neu-England und Westindien für beide Teile war. Wurde auch im Pariser Frieden 1763 Cuba wieder geräumt, so öffnete doch die Abtretung Floridas und Ost-Louisianas, welche Gebiete Spanien opfern mußte, den nordamerikanischen Kolonien den ersehnten Zugang zum westindischen Mittelmeer. Für die jungen Kolonien trat neben die große westliche Zukunft die erste Aussicht auf eine südliche. Neben die lateinischen Mächte traten die Angelsachsen mit der Forderung der zukünftigen Herrschaft in Mittelamerika. Die Mississippi-Schiffahrt nahm einen gewaltigen Aufschwung und der ungehinderte Absatz der nördlichen Lebensmittelprodukte auf diesem Wege nach Westindien wurde für die nordamerikanischen Kolonien bald zur Lebensfrage.

Die Forderung der Neu-Engländer, als Lohn für ihre Teilnahme an den schweren Kämpfen vom Mutterland größere Selbständigkeit und wirtschaftliche Freiheit zu erhalten, und das Bestreben Englands, dies zu verhindern, führte zur Loslösung Nordamerikas. Unter den vielen Gesetzen des Mutterlandes, welche die vereinigten Kolonien erbitterten, und sie zu engem Zusammenschlusse anregten, betraf auch eines Westindien. Durch die Zuckerakte von 1765, die erhöhte Abgaben auf allen nicht aus britischen Kolonien stammenden Zucker vorsah, wurde der amerikanische Handel mit den spanischen und besonders den französischen Kolonien, aus denen ein großer Teil des in den neuenglischen Gebieten verzehrten Zuckers kam, schwer geschädigt. 1770 betonten auf dem Kontinentalkongreß in Philadelphia die Kolonien ihre enge Zusammengehörigkeit, wobei bezeichnenderweise nur Georgia fernblieb: wieder ein Merkmal für die Verschiedenheit der Interessen zwischen dem äußersten Süden und der Politik Bostons und Virginiens, die rein östlich gerichtet war. Nachdem 1775 bei Lexington zum ersten

Male in offener Schlacht Blut geflossen war, war die Kluft zwischen England und den Vereinigten Staaten von Amerika nicht mehr zu überbrücken. Am 4. Juli 1776 erfolgte die Unabhängigkeitserklärung und damit der Beginn einer neuen Epoche in der Geschichte Amerikas.

Kapitel II.
Die Sicherung einer südlichen Festlandsbasis (1776—1819).

§ 1. Der Erwerb von Louisiana.

Der Krieg, den das junge Gemeinwesen um Sein oder Nichtsein durchzukämpfen hatte, war zu schwer, als daß er weitausschauende Pläne hätte verfolgen können; durch Versprechungen und Opfer mußte der Beistand Spaniens und Frankreichs erkauft werden: 1776 boten die Vereinigten Staaten den Franzosen für ihre Waffenhilfe die Vorherrschaft in Westindien an, während Spaniens Hoffnungen auf den Wiedererwerb Floridas sich belebten. In dem nun folgenden Kriege wurden die wirtschaftlichen Verbindungen der Union durch Kaperschiffe schwer gestört. Die 1775 bekanntgemachte Restraining act verbot den Neu-England-Staaten den Verkehr mit England und seinen Kolonien, vor allem den Antillen, und schädigte viele der daran beteiligten Händler und Schiffer schwer. Auch behandelte England die abgefallenen Kolonien als Ausland und benachteiligte so den Zucker- und Lebensmittelaustausch zwischen den Vereinigten Staaten und Westindien sehr stark, und zwar nicht nur den Süden, sondern auch den Norden, da neben der Mississippi-Schiffahrt, deren Freigabe im Pariser Frieden besonders ausgemacht war, viele Schiffe direkt von New-York und Boston nach dem westindischen Mittelmeer liefen. 1778 hatten die Vereinigten Staaten in ihrer Bedrängnis sogar die Verpflichtung, die französischen Antillen mit allen Kräften zu schützen, auf sich genommen. Der Versailler Frieden 1783 brachte den Vereinigten Staaten die Unabhängigkeit, Spanien erhielt Florida und Louisiana, Frankreich verschwand vom nordamerikanischen Kontinent. So hatte Spanien den ganzen Nordrand des westindischen Mittelmeeres in der Hand und vermochte den Golf von Mexiko durch die Linie Florida-Cuba-Yucatan völlig zu sperren. Während sein mächtiges Kolonialreich schon dem Untergang geweiht war, hatte es eine territoriale Machtentfaltung erreicht, wie kaum in den Glanztagen des 16. Jahrhunderts: die gesamten Küstengebiete des amerikanischen Mittelmeeres waren in seiner Hand vereinigt; es hatte die Möglichkeit, die See von Seeräubern und feindlichen Eindringlingen zu säubern und sein altes Handelsmonopol durch eine starke Flotte zur Geltung zu bringen; ja, die längst verlorenen kleinen Antillen von der Festlandsbasis her wieder zu erobern. Wer aber tiefer sah, der konnte schon damals erkennen, daß in Florida und Louisiana Spanien weiter nichts war, als der Verwalter dieser Besitzungen für die Vereinigten Staaten. Nur durch ihre Gnade und nur deshalb, weil diese England und Frankreich, wirkliche Großmächte, hier nicht dulden konnten und wollten und sie fernzuhalten nicht die nötige Kraft besaßen, überließ man diese Gebiete dem schwächeren Spanien. Es ist eine Erscheinung, der wir noch öfters begegnen werden: schwächere europäische Staaten nehmen die Zukunftsbesitzungen der Vereinigten Staaten solange in Aufbewahrung, bis die Union selbst Zeit und Gelegenheit findet, sie für sich selbst zu erwerben. In dem Augenblick jedoch, wo der verwaltende Staat Miene macht, diese Gebiete sich enger anzugliedern oder sie einer andern Großmacht zu zedieren, treten die Vereinigten Staaten in ihre Herrenrechte ein. Im Vertrag von San Lorenzo el Real fand dies Verhältnis auch äußerlich dadurch seine Bestätigung, daß der amerikanischen Schiffahrt wiederum der freie Verkehr auf dem Mississippi ausdrücklich gestattet und ihren Waren auf drei Jahre freies Lagerrecht in New Orleans zugesichert wurde (1795). Im Jahre vorher hatte England den Handel Westindiens mit der Union freigegeben.

Die Stürme der französischen Revolution machten sich auch in Westindien aufs stärkste bemerkbar, mittelbar sowie unmittelbar. Mittelbar besonders durch den großen Einfluß, den die französische Politik auf Spanien gewann. Für die Vereinigten Staaten war dies eine ernste und unangenehme Tatsache. Die Hoffnung, über kurz oder lang Nachfolgerin der spanischen Herrschaft im westindischen Mittelmeer zu werden, schwand ein für allemal, wenn Frankreich dieser sekundierte oder gar, wie es zeitweise schien, das europäische Mutterland sich anzugliedern vermochte. Schon Washington hat in seiner letzten Zeit, viel angefeindet, eine Verständigung mit England, vielleicht mit beeinflußt durch diese Gründe, nicht von vornherein ablehnen wollen. Ob ihm allerdings die Bedeutung des westindischen Mittelmeeres klar geworden ist, möchte ich bezweifeln; denn in seinen ganzen Staatsschriften findet sich nichts, was darauf hinweist. Das Interesse der öffentlichen Meinung in der Union blieb jedoch dauernd den Antillen zugewandt, wo gewaltige Umwälzungen sich vollzogen. In Haiti waren heftige Kämpfe zwischen den Weißen und Farbigen ausgebrochen; besonders das Dekret vom 15. Mai 1791, wonach auf Beschluß der Pariser Nationalversammlung allen Farbigen, die von freien Eltern stammten, aktives und passives Wahlrecht verliehen wurde, hatte die Pflanzer maßlos erbittert und sie zu bewaffnetem Widerstand veranlaßt. Die Mehrzahl der amerikanischen Südstaaten, die völlig auf Sklavenarbeit angewiesen waren, mißbilligten diese Verordnung der französischen Regierung aufs schärfste; als nun 1793 sogar die Sklavenbefreiung für Haiti ausgesprochen wurden, vertiefte sich der Gegensatz zwischen der öffentlichen Meinung der beiden Republiken noch mehr, trotz der freundschaftlichen Beziehungen, die beide miteinander verband. Die Sklavenfrage wurde nun ein halbes Jahrhundert hindurch ein Bindeglied zwischen den Südstaaten und Westindien. Erst hierdurch wurde in den Südstaaten, und durch diese später auch im Norden eine Teilnahme für die südliche Expansion erweckt, und das Geschäftsinteresse der in der Politik mächtigen Plantagenbesitzer sorgte schon dafür, daß es dauernd wach blieb. Daneben hatte der Unabhängigkeitskrieg den Mangel, in Westindien keinen militärischen Stützpunkt gegen die englische Flotte zu haben, stark hervortreten lassen. Auch hat später die Erfahrung aller folgenden Kriege die Vereinigten Staaten immer wieder angetrieben, neue Flottenstationen zur Sicherung ihrer maritimen Vorherrschaft im westindischen Mittelmeer zu gewinnen, und die alten auszubauen, was naturgemäß die südliche Expansion beschleunigte.

Die französische Staatsleitung versuchte nun, der Trübung der amerikanisch-französischen Beziehungen entgegenzuarbeiten. Da ihre, besonders auch später Napoleons, Kolonialpläne auf Errichtung eines großes Reiches, Ägypten und das europäische Mittelmeer als Kern umfassend, hinausliefen, so erschien es ihr rätlich, sich mit Amerika, dem alten Gegner des Hauptfeindes England, nicht allzu schlecht zu stellen. Trotz der alten guten Beziehungen, die früher zwischen den beiden Republiken geherrscht hatten, waren die Differenzen, die jetzt besonders seekriegsrechtliche Fragen betrafen, schnell gewachsen. Amerika hatte England das Recht zugestanden, feindliches Gut auch auf neutralen Schiffen wegzunehmen; Frankreich hatte darauf mit gleichen Maßregeln geantwortet, 1796 war es bereits so weit gekommen, daß sich Frankreich und die Vereinigten Staaten wie feindliche Mächte behandelten. Dies machte sich in den sehr engen Schiffahrtsbeziehungen zwischen Nordamerika und den französischen Zuckerinseln stark fühlbar. Erst 1800 wurde nach langen Verhandlungen der Zwist durch die Formel beigelegt, daß neutrale Flagge feindliches Gut decke.

Die Spannung wurde verschärft durch die französischen Versuche, in Nordamerika wieder festen Fuß zu fassen und die Machtstellung in Westindien zu verstärken. Bereits 1798 im Frieden von Basel hatte das französische Direktorium sich von Spanien San Domingo abtreten lassen, jedoch waren damals seine Bemühungen gescheitert, Spanien zur Abtretung Louisianas und womöglich auch Floridas zu bewegen. Seit 1796 geriet nun die spanische Politik mehr und mehr in französisches Fahrwasser. Unter diesem Einfluß kündigte Spanien 1798 den Vertrag mit der Union über die freie Lagerung der Mississippiwaren in New Orleans für 1802. Die Vereinigten Staaten waren darüber sehr ungehalten und die Ereignisse der kommenden Jahre waren nicht geeignet, ihre Befürchtungen zu zerstreuen. Der Erste Konsul nahm nämlich den Gedanken einer französischen Expansion in der neuen Welt wieder auf und versuchte ihn erfolgreich durchzusetzen. 1800 gelang es seiner Politik, Spanien zur Abtretung Louisianas zu bewegen; als Entgelt wurde französischerseits die Errichtung einer spanischen Sekundogenitur in Parma zugestanden. Jedoch sollte der Vertrag vorläufig geheim gehalten werden, was aber nicht verhinderte, daß Gerüchte nach Washington durchdrangen. Aber Bonaparte ließ es nicht bei Verhandlungen bewenden: 1801 unternahm Leclerc seine Expedition nach San Domingo, ein unzweifelhafter Beweis für den Ernst seiner Pläne. Entstand im Herzen Amerikas wirklich ein gewaltiges französisches Herrschaftsgebiet, so war den Vereinigten Staaten der Weg nach Süden, vielleicht sogar nach Westen, für immer verschlossen.

Als daher die Abtretung Louisianas an Frankreich 1802 in Washington als Tatsache bekannt wurde, entstand überall in den

Vereinigten Staaten eine gewaltige Erregung. Es ist Jeffersons, des damaligen Präsidenten, großes Verdienst gewesen, zur rechten Zeit taugliche Abwehrmaßregeln gegen diese lateinische Gefahr, die von neuem drohte, gefunden zu haben. In einem berühmt gewordenen Briefe schrieb er über die Wichtigkeit der südlichen Randländer für die Union: „Es gibt auf der Erde einen Punkt, dessen Besitzer unser natürlicher Feind ist. Dieser Punkt ist New Orleans, eine Stadt, durch welche die Produkte von $^3/_8$ unseres Territoriums passieren. Der Tag, an dem Frankreich Besitz von New Orleans ergreift, besiegelt das Bündnis der beiden Nationen, die vereint den Ozean beherrschen. Im gleichen Augenblick müssen wir unser Schicksal mit dem der britischen Flotte und der britischen Nation vermählen.[1]" Das sagte genug. Amerika war zum Kriege entschlossen, falls die sofort eingeleiteten Verhandlungen keinen Erfolg haben sollten. Besonders betroffen war man auch in Washington, daß Spanien noch 1795 hatte durchblicken lassen, es werde zu gegebener Zeit sein Gebiet an die Union verkaufen. Wie schon erwähnt, hob Spanien 1802 das Recht der freien Schiffahrt für die Amerikaner und der freien Lagerung für ihre Mississippi waren in New Orleans förmlich auf; alsbald kam es zu heftigen Beschwerden beim Kongreß und zu allgemeiner Aufregung in der ganzen Union. Mit England wurden Bündnisverhandlungen angeknüpft und der Krieg schien unmittelbar bevorstehend. Inzwischen wurde Monroe als bevollmächtigter Gesandter nach Paris geschickt, um die Erwerbung Louisianas möglichst auf friedlichem Wege zu erreichen. Unterstützt von Livingstone, dem ständigen Gesandten der Union in Paris, kam am 30. April 1803 der denkwürdige Vertrag zustande, der den Vereinigten Staaten die Pforte zum westindischen Mittelmeer aufstieß. Trotzdem eigentlich nur der Ankauf von New Orleans und des linken Mississippi-Ufers geplant war, wünschte zuletzt Napoleon selber, ganz Louisiana zu verkaufen. Für die geringe Summe von 80 Millionen Frcs. ging Louisiana in den Besitz der Vereinigten Staaten über; der Westen und Süden wurde frei für die amerikanische Expansion. War auch der Küstenstreifen am Golf von Mexiko nur der kleinste Teil des Neuerworbenen: der Zugang zum südlichen Meer war ebenso gesichert wie die Beherrschung des Mississippi; und was am wichtigsten war: der große Plan eines französischen Kolonialreiches in Zentralamerika an der Stelle, die

[1]) zit. nach Darmstädter, Geschichte der V. St. S. 102.

Nord- und Südamerika verband, war zunichte geworden. Nur die Gefahr, Amerika in die Arme Englands zu treiben, hatte Napoleon schweren Herzens zu diesem Schritte vermocht. Durch den 1803 wieder ausbrechenden Krieg wurde Frankreich dann durch europäische Sorgen völlig in Anspruch genommen und konnte nicht daran denken, seine Pläne weiter zu verfolgen. Da Bestimmungen über Landkauf nicht bestanden, hatte Jefferson — auch Monroe hatte seine Instruktion weit überschritten — gehandelt, ohne Rückhalt an der Bundesverfassung zu haben. Beide wußten das ganze amerikanische Volk hinter sich: mit 162 gegen 14 Stimmen wurde Jefferson als Präsident wiedergewählt.

War Louisiana auch erst schwach bevölkert, so wurde sein Erwerb von der größten Wichtigkeit durch die rapide Wertsteigerung des Landes seit Erfindung des Cottongin in den neunziger Jahren des 18. Jahrhunderts. Die Baumwollkultur blühte mehr und mehr auf. Die Plantagenbesitzer des Südens erhielten durch den Zuwachs neue Gesinnungsgenossen und neue Sklaven als Arbeitsmaterial, besonders schwerwiegend, seitdem 1808 die Vereinigten Staaten die Einstellung des afrikanischen Negerhandels für ihr Gebiet beschlossen hatten. Die ersten Zwistigkeiten über die schwarze Frage begannen sich im Schoß der Union leise bemerkbar zu machen und da war es von großem Vorteile, daß der Süden nicht an einem festländischen Kolonialreich einer europäischen Großmacht einen Rückhalt für seine Bestrebungen fand, der Erleichterung der Lage der Schwarzen den schroffsten Widerstand entgegenzusetzen. Ein einheitliches Handeln der südstaatlichen Sklavenbesitzer mit denen der Antillen war so unmöglich; wäre es je zur Tatsache geworden, die Union hätte kaum die schwere Belastungsprobe des Sezessionskrieges ausgehalten. Nicht unerwähnt soll jedoch bleiben, daß es schon damals Kreise gab, denen diese Verdoppelung des amerikanischen Gebietes unbehaglich war, da sie einer Expansion abgeneigt waren, wie besonders in den alten Puritanerstaaten die Hauptmasse der Bevölkerung von diesen neuen Gedanken wenig wissen wollte.

§ 2. Die Erwerbung von Florida.

Welches Gebiet im westindischen Mittelmeer ging nun in die Hände der Vereinigten Staaten über? Beim Abschluß des Pariser Vertrages waren die Meinungen über die Grenzen Louisianas geteilt.

Gerade die Küstenlinie wurde heftig umstritten; die Union forderte das, was 1800 von Spanien an Frankreich abgetreten war, wobei es ihr natürlich vor allem auf den Besitz der Mississippi-Mündung ankam. Sie stützte sich dabei auf den Frieden von 1763, bei dem Westflorida als zu Louisiana gehörig betrachtet wurde. Es gelang ihr jedoch nicht, alle Ansprüche durchzusetzen. Das rechte Ufer des Mississippi mit New Orleans, von der Mündung bis ungefähr zum Sabineriver im Westen, ein schmales, hafenarmes Stück Küste war der erste Besitz, hinter dem sich das weite Hinterland des neuerworbenen Gebietes ausbreitete; aber die Hauptsache war ja die Gewinnung von New Orleans. Für die Zukunft war es wichtig, daß die Union zu Louisiana auch ganz Texas rechnete. Im allgemeinen entbehrten die weiten, menschenarmen Gebiete allzusehr der festen Grenzen, um sie in Verträge bannen zu können. Es galt das Recht des Stärkeren, und 1810 schob der Präsident Madison mitten im Frieden die Grenze bis zum Pearlfluß vor; das ganze Mündungsgebiet des Mississippi kam in den Besitz der Vereinigten Staaten; erst von diesem Moment an konnte man von einer militärisch gesicherten Stellung von New Orleans und demzufolge von einer festen Basis der Vereinigten Staaten am westindischen Mittelmeer sprechen. Spaniens Protest blieb erfolglos; im Gegenteil als sich 1812 die Engländer des spanischen Gebietes als Operationsbasis zu bemächtigen versuchten, wurde die amerikanische Grenze noch weiter vorgeschoben und bis zum Perdidoriver, d. h. bis dicht vor die damalige Hauptstadt Spanisch-Floridas, Pensacola, erweitert. Erst nach langem Sträuben ratifizierte Spanien den Vertrag. Von Bedeutung war es auch, daß die für militärische Zwecke sehr geignete Bai von Mobile mit der gleichnamigen Stadt, unbedingt nötig zur Sicherung des Mississippi-Gebietes, in die Hand der Union kam. Daneben war nicht zu übersehen, welch großen Vorteil Schiffahrt und Handel durch die Öffnung eines direkten Meereszuganges für die südlichen Gebiete hatten. 1812 erhielt Louisiana die Rechte eines Staates. Es befanden sich am Golf von Mexiko im Besitz der Vereinigten Staaten:

1803 (durch den Louisiana-Kauf) etwa rund 450 km,
1810 durch die Pearlabtretung rund 550 km,
1813 durch die Perdidoabtretung rund 750 km Küstenlinie.

Die vielen Seeräuber, die meist aus entflohenen Sklaven bestanden, welche sich in den schwer zugänglichen Buchten festgesetzt hatten, wurden nun unschädlich gemacht, eine große Erleichterung für die Schiffahrt. Diese zog überhaupt, soweit sie unter dem Sternenbanner fuhr, aus dem dauernden englisch-französischen Kampfe, der hier in Westindien mit unverminderter Heftigkeit weiter tobte, den gewaltigen Vorteil einer neutralen Flagge, umsomehr, da allmählich fast alle andern Neutralen Europas in den Kampf hineingezogen wurden. Über die damalige Lage in Westindien schreibt Roloff: „Die Engländer umschlossen die französischen Kolonien mit der Handelssperre immer enger. Die Schiffe der kleinen Staaten verschwanden seitdem ganz und gar und allein die Amerikaner, die die Selbständigkeit ihrer Flagge gegen die Engländer zu wahren suchten, blieben übrig. Da der Handel mit dem Mutterlande bedeutungslos war, so hatten die Amerikaner tatsächlich ein kommerzielles Monopol erlangt. Sie nutzten es rücksichtslos aus und verkauften den Kolonien Lebensmittel und industrielle Gegenstände zu teuren Preisen, deren Höhe sie mangels Konkurrenten allein bestimmten."[1]) Ein großer Teil dieses Handels war natürlich Schmuggel. Die Heimat der Flibustier machte in diesen unruhigen Zeiten ihrem Namen alle Ehre; überall an den Rändern des westindischen Mittelmeeres, wo sich die ersten Regungen der Unzufriedenheit mit der spanischen Herrschaft bemerkbar machten, boten die schwer zugänglichen Buchten allerlei dunklen Elementen Schutz. Abenteuernde Offiziere, räubernde Mischlinge und entflohene Sklaven gründeten Seeräuber-Ansiedlungen und die Unsicherheit in diesen Gewässern wuchs von Tag zu Tag; als nun noch 1807 die amerikanische Regierung, um nicht in den europäischen Krieg hineingezogen zu werden, jeden Handel mit Europa und seinen Kolonien, der doch für den Süden Lebensinteresse war, verbot, erhielt der Schmuggelhandel in Westindien dadurch sozusagen Legalität. Es gelang der Union jedoch nicht, auf die Dauer sich von diesen Wirren fern zu halten. Nach der Erwerbung Louisianas war der alte Gegensatz zwischen den Vereinigten Staaten und England wieder stärker hervorgetreten; einige englische Gesetze über Schiffsdurchsuchung und Matrosenpressen führten zu steigender Erbitterung und 1812 zum Krieg. Jetzt zeigte sich der große Wert der neuen Südküste. Während die Landoperationen für die Amerikaner nicht allzu günstig ausliefen, gelangen ihnen in Westindien schöne Erfolge durch die Kaperei. Die unzugänglichen Buchten

[1]) Roloff, Die Kolonialpolitik Napoleons I. S. 206.

erleichterten den amerikanischen Schiffen die Verproviantierung und boten Unterschlupf bei drohender Gefahr; eine Unterbrechung der Verbindung mit Europa gelang der englischen Flotte trotz ihrer gewaltigen Überlegenheit nicht, da sie gezwungen wurde, neben dem Atlantischen Ozean auch den Golf von Mexiko zu überwachen. Auch ein englischer Versuch New Orleans zu nehmen, mißglückte 1814, da General Jackson den Platz erfolgreich verteidigte.

1817 hatte mit James Monroe ein Mann den Präsidentenstuhl der Vereinigten Staaten bestiegen, den wir schon als Anhänger der südlichen Expansion kennen gelernt haben. Bald darauf bewies er dies, indem er Spanien anbot, Ostflorida an die Vereinigten Staaten zu verkaufen. Dieser Vorschlag wurde jedoch abgelehnt. Ganz ähnlich wie 1810 und 1813 wurde jetzt das widerspenstige Spanien aus seinem Besitz sozusagen expropriiert. Den Vorwand dazu bot ein Sklaven- und Indianeraufstand, der Ende der zwanziger Jahre im Süden der Union und in Florida ausgebrochen war. Ohne dazu ermächtigt zu sein, fiel der schon erwähnte General Jackson im tiefsten Frieden über den spanischen Besitz in Florida her, eroberte die Hauptstadt Pensacola und drang in der festen Erwartung, daß Monroe sein Vorgehen gutheißen werde, weiter in die Halbinsel ein. Die Besetzung Pensacolas war wohl mit durch die nicht unberechtigte Furcht veranlaßt, die Engländer möchten sich hier, wie sie es schon 1812 versucht hatten, dauernd festsetzen. Gleichzeitig rissen die Vereinigten Staaten die Seepolizei im Nordteil des Golfes von Mexiko an sich. 1812, 1819, 1822, 1823, 1825 fanden große Streifen amerikanischer Kriegsschiffe in diesen Gewässern statt, was die spätere Einverleibung der Küsten nicht unwesentlich erleichterte. Obwohl die Vereinigten Staaten dem eigenmächtigen Vorgehen Jacksons zunächst ihre Zustimmung versagen mußten, wurden doch infolge davon Verhandlungen mit Spanien eingeleitet. Dieses befand sich infolge seiner verworrenen inneren Verhältnisse in übler Lage: in Europa drohte Revolution und fast der ganze amerikanische Kolonialbesitz befand sich in offenem Aufruhr. Infolgedessen erreichten die Vereinigten Staaten ihr Ziel. Am 22. Februar 1819 kam in Washington ein Vertrag zu Stande, in dem der ganze Florida-Besitz an die Vereinigten Staaten abgetreten wurde. Als Entgelt bezahlten diese 5 Millionen Dollars an Spanien, welche Summe jedoch zur Entschädigung amerikanischer Forderungen verwendet wurde. Daneben bequemten sich die Vereinigten Staaten zu einem offiziellen Verzicht auf Texas. Der Sabineriver bildete fortan die Grenze gegen Mexiko. Erst durch diese Erwerbung wurde die Union eine Macht, die im westindischen Mittelmeer neben England, Frankreich und Spanien gleichberechtigt auftreten konnte. Um beinahe 920 km, also um weit mehr, als der ganze bisherige Besitz an Küstenlinie betrug hatte sich das amerikanische Randgebiet am Golf von Mexiko vermehrt. Durch Florida kam man nun in die Lage, eine der Einfahrten in das westindische Mittelmeer zu beherrschen; nur durch eine schmale Straße getrennt, lagen die reichen Antillen vor ihren zukünftigen Besitzern. Key West, die beste natürliche Schlüsselstellung, mit der man die Straße von Florida vollkommen kontrollieren konnte, war jetzt in der Hand der Vereinigten Staaten; an eine Trennung von Nord und Süd durch europäischen Einfluß und europäische Unterstützung war nicht mehr zu denken. 1817 wurde Mississippi, 1819 Alabama als Staaten in die Union aufgenommen, ein sichtbares Zeichen für die dauernde Entwicklung und Beruhignng dieser Gebiete, die sich mehr und mehr zu den wichtigsten Baumwolländern der ganzen Welt entwickelten. Die Zahl der an den Küsten verkehrenden, fast ausschließlich amerikanischen Schiffe nahm dauernd zu. Nach der Bezwingung des berühmten Seeräubers Lafitte herrschte im Nordteil des mexikanischen Golfes Sicherheit. Dieser Teil blieb in Zukunft von den kühnen Beutefahrten der „Intruders and Adventurers" verschont.

Mit der Erwerbung von Florida fand die erste Epoche der amerikanischen Expansion einen gewissen Abschluß. Bis jetzt hatten die Neuerwerbungen in erster Linie der Festigung und Sicherung der jungen Republik auf dem nordamerikanischen Kontinent gedient. Im Laufe der Jahre war die Wichtigkeit der Südküste auch in Washington mehr und mehr erkannt worden, wenn man sie auch immer vorwiegend von der Seite der militärischen und politischen Sicherung des alten Gebietes und seiner Entwicklungsmöglichkeiten betrachtete. So groß das wirtschaftliche Interesse besonders der Schiffahrt, an Westindien war, so spielte es dennoch keine ausschlaggebende Rolle; das Gesicht der Union blieb durchaus dem Westen zugewandt. Die Erwerbungen im Süden waren mehr dem Weitblick und der Geschicklichkeit einzelner, wie Jeffersons und Monroes, zu verdanken. So sehr das Volk immer mit den hier erzielten Erfolgen zufrieden war: die Aussichten auf die

Besiedelung der weiten herrenlosen Gebiete im Westen erschien in erster Linie ausschlaggebend für eine große Zukunft. Noch verknüpfte kein einziges gemeinsames Band die Union mit dem lateinischen Amerika. Alles, was spanisch war, erschien dem Nordamerikaner gleichbedeutend mit unfrei und intolerant. Wohl freuten sich die Kaufleute, als ihm die neuerworbenen Gebiete die Wege zu den reichen Antillen öffneten, ebenso wie die Plantagenbesitzer im Süden, daß auf dem Boden der Küstenländer neue Sklavenstaaten entstanden. Der Mehrzahl des Volkes, dem ganzen Norden, blieb der schwarze Süden fremd, und was darüber hinaus gar europäischen Kolonialmächten gehörte, eine andere Welt. Es galt zunächst das eigene Haus auszubauen und zu füllen und vor allem, den Stillen Ozean zu erreichen. Über die Beziehungen zwischen westlicher und südlicher Expansion wird weiter unter zu reden sein.

Langsam begann aber schon die ideelle Expansion auf den Plan zu treten. Sie wurde hervorgerufen durch die Lostrennung der spanischen Kolonien vom Mutterland. Als sich die ehemaligen spanischen Besitzungen, eine nach der andern, selbständig machten und ihre neue Verfassung der Nordamerikas nachbildeten, war auch ein geistiges Band zwischen dem Norden, der Mitte und dem Süden hergestellt. Nun waren die Nachbarn nicht mehr Angehörige eines Kolonialreiches, sondern Freunde und Brüder, die man bei der Abschüttelung des fremden Joches unterstützte. Erst damals wurde in Nordamerika der Gedanke zum Gemeingut der Masse der Bevölkerung, daß der gesamte Kontinent vom Eismeer bis zum Feuerland ja einen Namen trage, daß er einem andern, dem europäischen, gleichwertig und ein in sich selbst abgeschlossenes Ganzes sei. Der Panamerikanismus entstand und als sein hauptsächlichstes Werkzeug die prägnante Formel der Monroe-Doktrin. Überall unterstützten die Amerikaner mit Schiffen und Waffen die Unabhängigkeitskämpfe, amerikanische Offiziere stellten sich in Mittel- und Südamerika den Schwesterrepubliken im Kampfe gegen Spanien zur Verfügung. In diesem Zusammenhange gewann auch eine Ausbreitung der amerikanischen Macht in dem Meere, das die beiden Kontinente verband, eine ganz andere Bedeutung. Gegen diesen neuen Gedanken eines Panamerika trat die Förderung der Schiffahrt oder die Herbeiführung neuer Sklaven in den Hintergrund. Wer, wie Henry Clay, von einem einigen

Amerika „vom Lincolnsee bis Kap Horn" träumte, dem erschien die Beherrschung des Zwischenmeeres und seiner Küsten als der erste Schritt zur Ausführung der gewaltigen Einheitspläne. Der reiche Antillenbesitz lockte weiter zur Einverleibung, da die Schwäche Spaniens sich mit jedem Jahre mehr herausstellte. Mitten im Herzen des Erdteils, in Panamá, fand der von Simon Bolivar berufene erste panamerikanische Kongreß statt und hier wiesen die Abgesandten der lateinischen Staaten immer und immer wieder darauf hin, daß es die Pflicht der Union sei, Cuba und Portorico zur Unabhängigkeit zu verhelfen.

Kapitel III.
Der Kampf um die Gleichberechtigung mit Europa (1819—1898).

§ 1. Die Annexion von Texas und die mexikanischen Wirren.

Mexiko, das durch seine lange Küste und besonders durch seine wichtigsten Häfen Tampico und Veracruz am westindischen Mittelmeer Teil hat, wird durch die Beschaffenheit seines gebirgigen Hochlandes von den Gegenden, die wir hier betrachten, etwas geschieden. Die Küste war es besonders, an deren Zustand die Union großes Interesse nahm. Das Verhältnis der Vereinigten Staaten zu ihrem südlichen Nachbarn war von Anfang an nicht ungetrübt. Unterstützten auch amerikanische Offiziere, wie Humbert, den mexikanischen Freiheitskrieg zu Wasser und zu Lande, so entstand doch schon bald Zwist über die Grenzen zwischen Texas und Louisiana, weshalb Mexiko erst 1828 den Sabineriver als Grenze anerkannte. Die nächsten Jahre brachten eine gewisse Annäherung, indem aus Furcht vor europäischen Eingriffen die mexikanischen Liberalen in den „Yorkinas Logen" Anschluß an die Union suchten. Wie Mexiko das letzte Gebiet gewesen war, welches die Spanier geräumt hatten, so blieb es den lateinischen Mächten immer eine Hoffnung füı die spätere Errichtung romanischer Kolonien auf amerikanischem Boden. Die überaus traurige Finanzlage und die dauernden inneren Unruhen boten Europa stets Handhaben, an der atlantischen Küste mit Kriegsschiffen einzugreifen und sich in die inneren Verhältnisse des Landes einzumischen; kam es doch schon 1838 infolge französischer Geldforderungen zum Kriege dieser Macht mit Mexiko. Die Gefahr einer europäischen Festsetzung am Westrande des westindischen Mittelmeeres lag, wie spätere Ereignisse beweisen sollten, keineswegs außerhalb des Bereichs der Möglichkeiten. Auch in friedlichen Zeiten wurde die enge Fühlung, die das mexikanische Geistesleben nicht minder wie sein Wirtschaftsleben zum romanischen Europa hatte, in der Union als lästig empfunden. Man unterließ es nie, der neuen Republik zu zeigen, daß man einen europäischen Vasallenstaat hier unter keinen Umständen dulden würde. Die Texasfrage ließ diesen latenten Gegensatz bald zu offenem Streite werden.

Der Zug nach Westen hatte die landsuchenden Kolonisten über die festgesetzten Staatsgrenzen hinausgeführt. Viele von ihnen hatten sich in dem zu Mexiko gehörigen Texas angesiedelt; bereits 1811 hatte man hier Fühlung mit der Union genommen, jedoch war die Bitte um Einverleibung damals abschlägig beschieden worden. Trotzdem hatten sich viele amerikanische Offiziere und Freiwillige am texanischen Freiheitskampfe beteiligt. Wie wir schon gehört haben, hatte gleichzeitig die Marine der Vereinigten Staaten die Küsten des Landes von Seeräubern gereinigt; 1821 wurde ihr Hauptsitz genommen und auf demselben Fleck 1834 Galveston gegründet. Kurz darauf brach in Texas eine offene Rebellion gegen Mexiko aus, in deren Verlauf 1835 die Unabhängigkeitserklärung des Staates erfolgte. Ein amerikanischer General Houston übernahm den Befehl der Truppen, denen es in jahrelangen Kämpfen gelang, sich gegen die mexikanische Armee zu behaupten; 1837 entsandten die Vereinigten Staaten einen bevollmächtigten Minister nach Texas und erkannten dadurch auch offiziell seine Selbständigkeit an. Trotzdem war man einer Annexion des Gebietes in leitenden Kreisen nicht hold, wohl vor allem des schlechten Eindruckes auf Mittel- und Südamerika wegen. Ein Blick auf die Karte zeigt, daß erst durch die Erwerbung von Texas das 1803 erworbene Louisianagebiet die genügende Küstenlinie bekam, um seine Produkte über den Golf von Mexiko im vollen Umfange ausführen zu können, was für Baumwolle geradezu eine Lebensfrage war. So vermochten die Vereinigten Staaten auf die Dauer dem Lockrufe aus Texas nicht zu widerstehen: 1845 wurde die Einverleibung des Landes ausgesprochen;

so stark war schon die Macht des Expansionsgedankens. Typisch war der Hergang: zunächst ein Einströmen von Amerikanern (wirtschaftliche Interessen entstehen), diese fordern Unabhängigkeit (ideelles Gemeinschaftsgefühl); die Vereinigten Staaten helfen ihnen erst mit diplomatischen, dann auch mit militärischen Machtmitteln, indem sie sich auf die wirtschaftlichen Interessen ihrer Staatsangehörigen berufen. Dies ist eine Entwicklung, der wir öfters auf den Wegen der amerikanischen Expansion begegnen werden.

Der 1846 ausbrechende Krieg zwischen den Vereinigten Staaten und Mexiko wurde durch die Truppenlandungen in den wichtigeren mexikanischen Häfen, vor allem Veracruz, entscheidend beeinflußt. Zum ersten Male zeigte sich der Wert der neuen Küsten auch als Operationsbasis gegen die kleineren amerikanischen Republiken. Nach der im Februar 1847 erfolgten Besetzung von Veracruz durch die Amerikaner konnten diese den erfolgreichen Vormarsch nach der Hauptstadt antreten, deren Besetzung den Krieg entschied. Am 29. Mai 1848 wurde Texas im Frieden von Guadeloupe Hidalgo auch formell an die Union abgetreten, nachdem es ihr schon seit 1845 als Staat angehört hatte. Vielleicht hat nur das schnelle Nachgeben Mexikos dies Land vor schweren Opfern, möglicherweise vor dem Verluste Yucatans, bewahrt. Bemerkenswert ist jedenfalls, daß in dieser Zeit eine lebhafte Agitation für die Selbständigkeit und Unabhängigkeit dieser Halbinsel einsetzte. Daß die Union Pläne ähnlicher Art für andere Teile der atlantischen Küste Mexikos gehegt hat, geht aus einer Expedition hervor, die während des Krieges nach Tabasco, der Küstenprovinz zwischen Veracruz und Campêche, dem Westteile Yucatans, unternommen wurde. Mißlang auch dieser, von New Orleans ausgehende Versuch, sich der militärisch wichtigen Küstengebiete zu bemächtigen, so verlor die Union dieses Ziel nicht aus den Augen. Erst Anfang der fünfziger Jahre gelang es Mexiko, in Yucatan Ruhe und Ordnung unter den dauernd aufständischen Indianern herzustellen. Es war höchste Zeit, denn sogar eine europäische Intervention von Seiten Englands hatte gedroht. Als nun 1847 in Yucatan eine neue Erhebung ausbrach, wandten sich die dort ansässigen weißen Pflanzer an die Regierung der Vereinigten Staaten mit der Bitte, das Land unter ihren Schutz zu nehmen und die Indianer zur Ruhe zu bringen, was jedoch die Vereinigten Staaten 1848 ablehnten. Wie populär die Annexion von Texas bei der Masse der Bevölkerung in den Vereinigten Staaten war, zeigte sich, als der Demokrat Polk, der die Annexion durchgeführt hatte, bei den Neuwahlen im gleichen Jahre einen entscheidenden Sieg davontrug. Durch die Erwerbung von Texas kam alles Land zwischen dem Sabineriver und dem Rio Grande del Norte in den Besitz der Union, als wichtigster Hafen das damals noch junge Galveston, das zwar noch weit hinter New Orleans zurückstand, jedoch für die Ausfuhr der Texasbaumwolle von Jahr zu Jahr wichtiger wurde. Der gesamte Nordrand des westindischen Mittelmeeres wurde von den Vereinigten Staaten kontrolliert und jetzt erst war die Basis groß und tragfähig genug, um panamerikanischen Zielen als Unterlage zu dienen.

Zunächst galt es aber, die europäischen Mächte, die hier in Mexiko Stützpunkte zu erwerben wünschten oder zum wenigsten den Einfluß der Vereinigten Staaten ein für alle Mal auszuschalten versuchten, abzuweisen. Daß gerade jetzt wieder Pläne solcher Art in Europa auftauchten, lag daran, daß die Union seit dem Sezessionskrieg (1860) an dem Gebrauche ihrer vollen militärischen Machtmittel gehindert wurde. Doch gerade dieser erwies schlagend die Bedeutung der anerkannten Küstenbesitzungen am westindischen Mittelmeer: nur dadurch, daß die Abschließung des Südens von diesem Zugang zum Atlantischen Ozean gelang, war der Norden im Stande, seine Übermacht auszunützen. Ein großer Teil der Seekämpfe spielten sich in diesen Gewässern ab. Welchen Ausgang aber hätte der Krieg wohl genommen, wenn eine europäische Großmacht — fast alle standen ja mit ihren Sympathien auf der Seite der Sklavenstaaten — im Süden von Nordamerika Besitz gehabt hätte, und wäre es nur ein schmales Stück Küste gewesen? Wahrscheinlich wären die Südstaaten, auf diese Großmacht gestützt — ein militärisches Eingreifen Europas wäre dann unausbleiblich gewesen — mit freiem Zugang zum Golf von Mexiko und so zum Atlantischen Ozean, nie zu bezwingen gewesen und menschlicher Voraussicht nach zerfielen die Vereinigten Staaten jetzt in zwei Teile. In einem Punkte allerdings hat der Sezessionskrieg der südlichen Expansion nachhaltig geschadet: nämlich durch die gewaltige Verminderung der amerikanischen Schiffe in den westindischen Gewässern. Von dieser gegenseitigen Massenvernichtung durch die Kaper hat sich bekanntlich die amerikanische Schiffahrt trotz aller gesetzlichen Unterstützung bis heute nicht wieder erholt. Vor dem Kriege fuhren etwa $^5/_6$ bis $^9/_{10}$ aller Schiffe unter amerikanischer Flagge, während seitdem die amerikanische Schiffahrt keine nennenswerte Rolle gespielt hat; erst jetzt, während des Krieges ist es ihr gelungen, zum Teil wenigstens die alte Stellung wieder zu erobern.

Napoleon III. war es vor allem, der diese Schwächung der angelsächsischen Republik benutzen wollte, um die Pläne seines kaiserlichen Oheims wieder aufzunehmen und ein großes französisches Kolonialreich in Westindien zu gründen.[1]) Die Aussichten waren nicht schlecht: noch lebten in den Konföderierten Staaten, besonders Louisianas, viele Bewohner französischer Abstammung, die man vielleicht bewegen konnte, sich einem romanischen Mexiko unter enger Anlehnung an Frankreich auf Grund ihrer Sympathien anzuschließen. Die ganz im französischen Schlepptau befindliche spanische Politik hatte schon mit der Besitzergreifung San Domingos, wovon weiter unten die Rede sein wird[2]), begonnen, das romanische Kreuzzugspanier in Westindien zum Schutze der lateinischen Kultur zu entfalten. Die Lage war für die Vereinigten Staaten um so ernster, als auch England sich diesen beiden Mächten zugesellte, um so seine eigenen Interessen im Karibischen Meer und in der Kanalfrage, ungestört von den durch den Sezessionskrieg und die mexikanischen Vorgänge beschäftigten Vereinigten Staaten, durchführen zu können. Wie auch später immer wieder, so boten jetzt die finanziellen Verhältnisse Mexikos den europäischen Großmächten Handhaben zum Einschreiten. Durchgehends waren die Republiken Mittelamerikas wirtschaftlich zu schwach, ihre Schulden zu bezahlen, politisch zu ohnmächtig, sich ihrer gewaltsamen Eintreibung widersetzen zu können. 1861 stellte Mexiko zunächst auf zwei Jahre seine Zahlungen ein. In demselben Jahre wurde zwischen England, Frankreich und Spanien die Londoner Konvention abgeschlossen, in der man sich einigte, die wichtigsten Küstenplätze Mexikos, vor allem Tampico und Veracruz zu besetzen und die Zölle aus den beschlagnahmten Küstenstrichen zur Befriedigung der Gläubiger zu verwenden (to seize the principal

---

[1]) Vgl. Paul de la Gorce, Histoire du Second Empire. Bd. IV. S. 13 ff.

[2]) siehe S. 58.

positions on the coast of Mexico in order to distribute the customs revenues among the foreign creditors). Als Spanien auf Grund dieses Vertrages Veracruz besetzte, schwebten der Madrider Regierung Träume von den alten Zeiten vor. ,,Der Ton der offiziösen Presse ließ keinen Zweifel aufkommen, daß die spanische Regierung Absichten hegte, die weit über das bloße Eintreiben der Schulden — herausgingen."[1]) Die Union hatte schon vor dem Sezessionskriege an ein Einschreiten ihrerseits, um Europa fernzuhalten, gedacht; besonders Buchanan hatte diese Anschauung vertreten.[2]) Eine Aufforderung, der Konvention beizutreten, wurde von der Union abgelehnt, auch wäre sie ohne Bedeutung gewesen, da dann die Londoner Mächte handelten, ehe eine Antwort vorliegen konnte. Sewards, des damaligen Staatsekretärs, Anerbieten vermitteln zu wollen, wurde ebenfalls zurückgewiesen. 1862 begannen die Franzosen ihren Vormarsch gegen das Innere Mexikos. Aber jetzt hatten sich die Verhältnisse geändert; die Möglichkeit eines Sieges der Südstaaten war viel geringer geworden und an der Entschlossenheit des siegreichen Nordens, Mexiko mit allen Mitteln zu helfen, war nicht zu zweifeln. Der starke Druck, den Lincoln in London, Madrid und Paris ausüben ließ, bewog England und Spanien sich von diesem Unternehmen zurückzuziehen, während Frankreich versuchte, den Kampf fortzusetzen. Die mexikanische Angelegenheit von 1861 war wohl die größte Gefahr, die der Expansion der Vereinigten Staaten von Europa her gedroht hat. Das Endziel Frankreichs und Spaniens war, neben der angelsächsischen Republik gleich starke romanische Staaten unter romanischem Protektorat in die Struktur Amerikas einzuschieben und so den nördlichen und südlichen Kontinent für immer voneinander fernzuhalten. Die Errichtung einer europäischen Dynastie in Mexiko hätte nichts anderes als die Nichtigkeitserklärung der Monroe-Doktrin bedeutet.

Man muß auch hier wieder anerkennen, daß die verantwortlichen Staatsmänner in Washington die gewaltige Gefahr schnell erkannt und abgewandt haben. Der sofort einsetzende diplomatische Druck hatte Erfolg: in England, weil die Regierung in keine Welthändel verwickelt zu werden wünschte, in Spanien, weil man im weiteren Verlauf des Unternehmens amerikanische Repressalien

---

[1]) Karl Schurz, Lebenserinnerungen. Band II. S. 221 ff.

[2]) Derselbe. S. 220.

gegen Cuba befürchtete, das man solch vager Pläne wegen keinesfalls verlieren wollte. — Sobald die Union wieder Atem schöpfen konnte, wurde der Kampf mit den französischen Truppen in Mexiko von Norden her aufgenommen; nicht durch eine Kriegserklärung, sondern durch eine kräftige und immer neue Unterstützung des Guerillakrieges gegen die Franzosen. In unbeschränkter Menge erhielt Juarez Geld und Waffen zur Verfügung gestellt. Wie bekannt, wurde der beabsichtigte Zweck erreicht: als die französischen Truppen, um nicht in Kämpfe mit der Union hineingezogen zu werden, Mexiko 1865 räumten, hatten die Revolutionäre mit dem unglücklichen Maximilian leichtes Spiel. Mit seinem Tode 1867 verschwand jede Hoffnung auf die Errichtung einer europäischen Dynastie auf der Schwelle zwischen Nord- und Südamerika. Auch in der nächsten Zeit wurde Mexiko von der Union mit Sorgen und Aufmerksamkeit betrachtet. Die fortwährenden Unruhen störten den Handel mit dem Westen schwer, und die vielen Reibereien mit den europäischen Staaten, von denen besonders England große finanzielle Interessen im Lande hatte und sie mit Kraft und Geschick zu vertreten wußte, ließen die Gefahr einer erneuten europäischen Intervention oft in bedrohlicher Nähe erscheinen. Der mächtige Aufschwung der amerikanischen Wirtschaft und die Auffüllung des Westens machten ökonomische Kräfte in den Vereinigten Staaten frei, die sich, wie nur natürlich, in erster Linie dem südlichen Nachbarstaat zuwandten; zudem seine große Silbererzeugung vorzügliche Bezahlung für die eingeführten Waren sicherte. Es war vorauszusehen, daß sich die Handelszahlen um ein mehrfaches vervielfältigen würden, wenn erst einigermaßen geordnete Zustände in Mexiko geschaffen waren. Dies gelang nun Diaz, der sich 1877 zum Präsidenten machte und für das unglückliche Land eine Epoche des Wohlstandes heraufführte. Sein eifrigstes Bestreben war, um die Naturschätze, besonders den Bergbau genügend ausbeuten zu können, fremde Gelder ins Land zu ziehen. Es war nur natürlich, daß die Vereinigten Staaten in immer steigendem Maße ihre durch die beispiellose industrielle Entwicklung aufgespeicherten Kapitalien hier nutzbringend anlegten. Bei den mangelnden Landverkehrswegen ging fast der gesamte Handelsverkehr zu Schiff über den Golf von Mexiko. Von dem Handel Mexikos, der im Jahre 1872/73, also ein Jahr, ehe Diaz seinen Kampf um die Präsidentenschaft begann, ungefähr 60 Millionen Dollars mex. betrug, gingen nicht weniger als 44 Millionen über atlantische Häfen. Bei diesen 60 Millionen, die sich etwa zu gleicher Zahl auf Ausfuhr und Einfuhr verteilten, standen die Vereinigten Staaten mit etwa 19 Millionen (11,4 Einfuhr, 7,4 Ausfuhr) an zweiter Stelle nach England; zugleich war schon damals die amerikanische Flagge die zweitstärkste in mexikanischen Häfen. Vergleichen wir damit die Zahlen 20 Jahre später. Die Vereinigten Staaten sind die am mexikanischen Handel bei weitem interessierteste Nationen geworden: von der Einfuhr von 34 Millionen Doll mex. entfielen nicht weniger als rund 15 Millionen, von der Ausfuhr von 91 Millionen nicht weniger als 67 Millionen auf die Vereinigten Staaten: der Gesamthandel war also von 1872/73 bis 1894/95 von rund 60 Millionen auf 125 Millionen gestiegen; also etwa um das doppelte. Der amerikanische Anteil an diesem Handel war aber von 19 Millionen Dollar mex. auf 82 Millionen, also um ein mehr als ein vierfaches gestiegen. Deshalb haben, trotz mancher Schwierigkeiten in einzelnen Fragen, die Vereinigten Staaten und Mexiko bis ans Ende der neunziger Jahre vielfach einhellig zusammengearbeitet. Ein großer Teil des mexikanischen Silberbergbaues ging in die Hände der amerikanischen Kapitalisten über; allenthalben finden wir den Amerikaner, der sich der mexikanischen Gesellschaft fernhält und vielfach in geschlossenen Kolonien mit seinen Landsleuten zusammenlebt, in leitender Stellung. Trotz des heftigen Widerstandes, den die Einheimischen oft den mißtrauisch beobachteten Amerikanern entgegensetzten, war Diaz klug genug, die kapitalistische Macht der Union richtig einzuschätzen und sie für die Entwicklung seines Landes zu gewinnen. Über die Rolle, die sie gespielt hat, sagt Garcia Calderon: „Die Umwandlung Mexikos ist das Werk der Finanzgrößen der Wallstreet: Mexiko wird für die Vereinigten Staaten ein Interessengebiet, die wissenschaftliche (d. h. lateinische) Partei hat nicht versucht, mit Europa in Fühlung zu treten, um der großen Plutokratie des Nordens in den Weg zu treten, sondern sie hat sich am Utilitarismus berauscht."[1]) Mit trefflichen Worten wird hier die Tatsache gekennzeichnet, daß eine wirtschaftliche Expansion allergrößten Stiles ihre Arme nach Mexiko ausstreckte. Solange eine kräftige Hand hier das Steuer lenkte

[1]) Calderon, Die lateinischen Republiken Amerikas. S. 107.

und die Umwandlung dieser wirtschaftlichen Expansion in eine politische abzuwehren wußte, waren die Verhältnisse für beide Teile befriedigend, wenn auch für die Zukunft des schwächeren Staates nicht unbedenklich. Denn die Union hatte in ihren wirtschaftlichen Interessen und den riesigen in Mexiko angelegten Kapitalien stets eine Handhabe für ein etwaiges Einschreiten. So wurde auch hier wieder die wirtschaftliche Durchdringung des Landes der Schrittmacher der politischen Expansion. Wenn einmal in den Vereinigten Staaten der Wunsch nach einer südlichen Ausbreitung laut werden sollte, so war dies nicht mehr das Werk einiger kluger Politiker, sondern der von wirtschaftlichen Notwendigkeiten betriebene, gewaltige Wille einer imperialistischen Großmacht. Wie weit die Hoffnungen in den Vereinigten Staaten damals schon gingen, zeigen uns die Worte, die Seward zu einem Freunde sprach und die uns Bancroft übermittelt hat: „Sewards imagination led him to the theoretical conclusion, that the future capital of North America would be in the City of Mexico."[1] Der rücksichtslose Krieg, den die Union mit Mexiko um die Gewinnung von Texas geführt hat, ohne Rücksicht auf die so oft beteuerte Achtung und Liebe zu ihren Schwester-Republiken, sowie die einmütige Zustimmung fast des gesamten amerikanischen Volkes zu dieser Politik der rücksichtslosesten Ausnutzung der überlegenen Machtmittel wiesen darauf hin, daß bei andern Gelegenheiten man sich in Mexiko ähnlicher Dinge zu versehen haben würde. Ohne die Umgestaltung der inneren Verhältnisse der Union, vor allem ohne den Übergang der Herrschaft an den sklavenfeindlichen Norden, der jede weitere Expansion nach Süden auch nach dem Sezessionskriege nur ungern sah, weil damit eine Stärkung der bezwungenen Minderheit verbunden war, wäre eine Expansion mit den Waffen der Macht schon damals wahrscheinlich unausbleiblich gewesen. Allerdings wollte man in Washington in der Folgezeit vermeiden, die übrigen amerikanischen Republiken, die schon durch das Vorgehen in Mexiko stark erbittert waren, allzu sehr vor den Kopf zu stoßen, ein Zeichen der ständig wachsenden Kraft des panamerikanischen Gedankens. Man begnügte sich also zunächst mit der wirtschaftlichen Durchdringung und behielt sich vor, später einmal auch politische Machtmittel anzuwenden, wenn die Umstände günstig schienen.

[1]) Bancroft, Sewards ideas of territorial Expansion. North American Review 1898.

§ 2. Die Vereinigten Staaten und die mittelamerikanischen Republiken.

Im Jahre 1821 hatte sich das mittelamerikanische Festland, die Republiken Guatemala bis Costarica umfassend, von Spanien unabhängig erklärt und sich bald darauf als Zentralamerikanische Republik konstituiert. Wie jeder Abfall eines europäischen Besitzes, hatte auch dieser neue Sieg des republikanischen Gedankens die vollsten Sympathien des amerikanischen Volkes für sich. Dennoch war im Anfang des 19. Jahrhunderts das Interesse dafür bei den leitenden Kreisen in den Vereinigten Staaten nicht groß. Durch die gewaltige mexikanische Schranke von den gebirgigen, wenig ertragreichen und stark indianischen Gebieten getrennt, setzten die dauernden Kämpfe, welche die verschiedenen kleinen Rupliken im inneren und untereinander nach Zerfall ihres Einheitsstaates ausfochten, Handel und Verkehr die größten Schwierigkeiten entgegen. Die lockenden Antillen und die reichen Hafenstädte Mexikos zogen die amerikanische Schiffahrt mehr an als diese ungesunden, wenig entwickelten Landstriche. Doch wurde nicht versäumt, das junge Staatsgebilde wenigstens moralisch zu unterstützen; schon ein Jahr nach der Loslösung von Spanien, 1822, wurden sie als selbständig von der Union anerkannt, und 1825 wurde ein Handelsvertrag geschlossen, in dem sich beide Teile Vorzugszölle und gegenseitiges Niederlassungsrecht zusicherten. Auch die Monroe-Doktrin sorgte dafür, daß man diese Gebiete dauernd im Auge behielt, besonders im Hinblick auf die Verhältnisse in Mexiko, die fortgesetzt zur Vorsicht mahnten; das amerikanische Volk ist, wie wir sehen werden, gerade gegen fremde Aspirationen in Zentralamerika stets sehr empfindlich gewesen. Brachte die panamerikanische Konferenz, welche Bolivar 1826 nach Panamá berief, infolge des Zögerns der Union keine engere Verbindung mit Zentralamerika, welches auf ihr mit fast allen Staaten vertreten war, so stieg natürlich mit der damals entstehenden Erkenntnis, daß der Weg nach Südamerika über Mittelamerika führen werde, der Wert dieser früher so wenig beachteten Länder. Es entstand der Wunsch, eine gewisse Kontrolle in diesen Republiken auszuüben, was man am besten bewerkstelligen konnte, wenn man sich den inneren Kämpfen nicht mehr ganz so fern hielt, wie anfangs. Bei den dauernden Kriegen handelte es sich meistens um die Kämpfe zur Herbeiführung und Zerstörung der

Einheit der fünf Republiken; wobei die fortgeschritteneren von ihnen, Guatemala und Costarica, sich sträubten, mit den andern unter einen Hut gebracht zu werden. Gerade diese beiden aber standen völlig unter dem Einflusse englischen Kapitals, während die ungeordneten Staaten mehr und mehr das Eldorado amerikanischer Abenteurer wurden. So scheiden sich ganz von selbst die Lager und wir werden sehen, daß diese Konstellation sich noch bis heute erhalten hat.

Immer drängender wiesen auch andere Zukunftspläne die Union auf Zentralamerika hin. Die Frage einer möglichen interozeanischen Verbindung war davon weitaus am wichtigsten. Eine erschöpfende Erörterung des Kanalproblems gehört nicht in den Rahmen der Arbeit, weil es bis zum letzten Stadium nicht als rein amerikanisches, sondern als internationales angesprochen werden muß. Jedoch hat die Kanalfrage, etwa seit den vierziger Jahren des 19. Jahrhunderts, jedes Stadium der Expansion der Vereinigten Staaten stark beeinflußt und diese vielfach beschleunigt. Sehr richtig sagt Coolidge, daß der Machtkampf, der im 19. Jahrhundert sich zwischen den Vereinigten Staaten und England hier abgespielt hat, sich um etwas drehte, was noch gar nicht da war, nämlich um die interozeanische Verbindung. Als kurz nach der Unabhängigkeitserklärung Zentralamerikas Kapitalisten Hollands und der Vereinigten Staaten sich um die Finanzierung des zukünftigen Kanals bemühten, war England ihnen schon ein gutes Stück vorangekommen. Die weitausschauende britische Politik hatte bereits früh an die Möglichkeit des Kanalbaues geglaubt und darum versucht, Stützpunkte in den Gegenden zu gewinnen, durch die er voraussichtlich führen würde. Vier Stellen kamen vor allem in Betracht: der Isthmus von Tehuantepec, der von Guatemala, die Landenge von Panamá und die Nicaragua-Senke, wovon bis tief in das 19. Jahrhundert hinein das letzte Projekt die meiste Aussicht auf Verwirklichung hatte. Wir müssen diese englischen Versuche genauer betrachten, weil sich gegen sie in erster Linie der Kampf der Vereinigten Staaten richtete und die Abwehr der englischen Versuche, sich hier eine Monopolmachtstellung zu schaffen, die Haupttätigkeit der amerikanischen Diplomatie darstellt. Mexiko und Guatemala glaubte England finanziell genug zu beherrschen, um sie seinen Zwecken dienstbar machen zu können. Panamá und Nicaragua sollten völlig dem englischen Machtgebiet einverleibt werden, und zwar auf folgende Weise:

Schon seit dem 17. Jahrhundert hatten sich an der atlantischen Seite von Honduras englische Holzfäller angesiedelt, um die reichen Nutzholzwaldungen, die besonders zum Färben dienten, auszubeuten; 1748 entstanden in Belize und an der sogenannten Mosquitiaküste, die den regenfeuchten Urwaldstreifen, der sich von den Baiinseln bis ins südliche Nicaragua hinzieht, umfaßt, feste englische Ansiedlungen, die 1783 im Versailler Frieden auch von Spanien anerkannt wurden. Von hier aus suchten nun die Briten die ganze atlantische Küste unter ihre Kontrolle zu bringen und zusammen mit ähnlichen Unternehmungen an der pazifischen Küste, die uns hier nichts weiter angehen, die Gebiete des zukünftigen Kanals in ihrer Hand zu vereinigen. 1807 wurde ein offizielles Protektorat über das Mosquitia-„Reich" — die Mosquitier waren ein kriegerischer Indianerstamm — erklärt, der minderjährige König nach Jamaica gebracht und dort englisch erzogen; als er später die Regierung übernahm, wurde ihm ein britischer Resident zur Seite gesetzt (1815) und englische Kanonenboote blieben zu seinem Rückhalt hier stationiert. Natürlich war diese englische Kolonie den zentralamerikanischen Staaten ein Dorn im Auge, besonders, da die Briten ihre Ansprüche den ohnmächtigen Republiken gegenüber ständig vergrößerten und zuletzt, gestützt auf angebliche mosquitische Ansprüche, gar versuchten, die ganze atlantische Küste in ihre Hand zu bekommen. Zieht man in Betracht, daß Guatemala wie Columbien finanziell auf England angewiesen waren, so hätte sich im Falle des Gelingens dieser Pläne, ein zusammenhängendes englisches Interessengebiet längs der ganzen Küste, von Honduras bis Panamá ergeben. 1840 bestellte der König der Mosquitier den englischen Residenten wieder zum Vormund seines unmündigen Sohnes; zugleich wurde das gesamte beanspruchte Gebiet von Land und See aus fest in Mosquitierbesitz gebracht und Nicaragua stand wahrscheinlich vor der schlimmen Aussicht, seine atlantischen Küstengebiete zu verlieren. Als 1841 Zwistigkeiten ausbrachen, wurde der wichtigste Hafenplatz dieser Gegend, San Juan del Norte, von englischen Kriegsschiffen bombardiert, die dort vorhandenen Soldaten der Republik kurzerhand gefangen gesetzt; 1848 wurde die Stadt dauernd dem mosquitischen Staatswesen, d. h. der britischen Interessensphäre einverleibt. Hand in Hand damit ging die wirtschaftliche Knebelung Nicaraguas, welche damit begann, daß England sich das Tabaksmonopel verpfänden ließ, um seine Gläubiger zu entschädigen; alles durch Vermittlung seiner Kanonen. Gegen Honduras war man ebenso rücksichtslos: 1835 wurden die wichtigten Baiinseln, besonders Roatan, von englischen Schiffen angelaufen und kurzerhand als britisches Gebiet erklärt. Wie einst die Amerikaner bei der Besitznahme Floridas und Texas, so hatten jetzt die Engländer die Ausübung der Seepolizei der endgültigen Besitznahme vorangehen lassen. Trotzdem der rührige und überaus geschickte Geschäftsträger Großbritanniens in Mittelamerika, Chatfield, alles versuchte, den Sturm zu beschwichtigen, der in Honduras und Nicaragua über diese Vorgänge entstanden war, konnte er doch nicht verhindern, daß sich beide Staaten mit der Union in Verbindung setzten. Es war höchste Zeit; denn schon begann sich eine englische Ansiedlung nach der andern an der Küste zu erheben, wie noch heute die englischen Städtenamen Bluefields und Greytown an jene Zeiten erinnern; besonders die Besetzung von Greytown, des einzigen guten Hafens der Gegend, am Einfluß des Rio San Juan gelegen, mußte England die Herrschaft über den Nicaragua-Kanal sichern.

Dieses englische Vorgehen war nun in den Vereinigten Staaten nicht unbemerkt geblieben. Schon 1836 beschloß der Senat, daß der Präsident Jackson mit Nicaragua, Guatemala und Neu Granada Verhandlungen beginnen solle, um die Rechte der Union bei einem künftigen Kanalbau zu wahren. Weiter geschah jedoch nichts und erst der Hilferuf, den Ende der vierziger Jahre Honduras und Nicaragua nach Washington schickten, zwang Buchanan, den damaligen Staatssekretär, sich intensiver mit den Verhältnissen Zentralamerikas zu beschäftigen. Die Volksstimmung in den Vereinigten Staaten, noch unter dem Eindruck der soeben glücklich vollzogenen Annexion von Texas, trieb die Regierung zu energischem Einschreiten. „The whole american continent became indignant at the British proceedings at San Juan,“ sagt Bancroft über den Eindruck des englischen Vorgehens.[1]) Buchanan setzte nun mit der Politik der Vereinigten Staaten ein, die seit 1839, dem Jahre des Zerfalls der Zentralamerikanischen Republik, bis heute in Geltung geblieben ist. Die amerikanische Diplomatie versuchte nämlich von nun ab die Wiederaufrichtung

---

[1]) Bancroft, History of Central America, vol. III. S. 244.

einer Bundes-Republik, die alle mittelamerikanischen Staaten umfassen sollte, zu erreichen, diese nach innen und außen zu festigen, um sie zu leiten und als Bollwerk gegen europäische Einmischungsgelüste benützen zu können. 1848 wurde als außerordentlicher Gesandter Squier, einer der besten Kenner des Landes zu diesem Zweck heruntergeschickt. Es gelang ihm 1849 in Nicaragua das Parlament zur ausdrücklichen Anerkennung der Monroe-Doktrin zu bewegen, wobei ohne Zweifel ein Sieg des panamerikanischen Gedankens festzustellen ist. Daneben hatte sich sogar der Präsident von Nicaragua an ihn mit der Bitte um Unterstützung durch amerikanische Truppen und Dollars bei seinem Kampfe gegen eine wieder einmal ausgebrochene Revolution gewandt, jedoch hatte man in Washington sein Ansuchen abschlägig beschieden.[1]) Am 3. September 1849 wurde dann zwischen den beiden Staaten der sogenannte Squier-Zepeda-Vertrag abgeschlossen, der den Vereinigten Staaten die Errichtung von Befestigungen zum Schutze eines Kanals sicherte. Wurde er auch nicht ratifiziert[2]), so bot er doch der Union eine formelle Handhabe, einzuschreiten, falls es ihr nötig erschien. Die zwischen Ablehnung und Eingriffsversuchen schwankende Stellung der Regierung in Washington ist vor allem auf die inneren Gegensätze zwischen Nord und Süd zurückzuführen. Da währenddessen Chatfield gegen diese amerikanischen Pläne unermüdlich, besonders gestützt auf Guatemala, weiter arbeitete, wurde der Gegensatz zu England von Tag zu Tag gefährlicher. Um ernsteren Verwicklungen vorzubeugen, wurden 1848 zwischen beiden Mächten Verhandlungen eingeleitet, die am 19. April 1850 im Clayton Bulwer Vertrag ihren Abschluß fanden. Dieser Vertrag machte den englischen Versuchen, Zentralamerika allein zu beherrschen, ein Ende. Im ersten Artikel hieß es: Neither power could occupy, fortify, colonize, nor exercize dominion over Nicaragua, Costarica, the Mosquito coast, or any other position of Central American territory, nor make use of any protectorate in any form.[3]) Es war der erste Schritt der Vereinigten Staaten, ihre zukünftige Herrschaft zu sichern, wenn es auch erst der Abwehr fremder Aspirationen und noch nicht der Beginn

[1]) Palmer, a. a. O. S. 168 ff.

[2]) A. Supan, Die territoriale Entwicklung der europäischen Kolonien. S. 249.

[3]) Bancroft, a. a. O. vol. III. S. 252.

des eigenen Angriffes war. Aber die Bahn war freigemacht. Es ist eigentlich rätselhaft, wie leicht Großbritannien von der Durchführung seiner weitsausschauenden, durch ein Jahrhundert mit Festigkeit verfolgten Pläne Abstand nahm.

Welche Gründe waren nun hierfür maßgebend? Zunächst kam in Betracht, daß bei der gereizten Volksstimmung, wie sie in den Vereinigten Staaten herrschte, ein kriegerischer Konflikt, falls sich England nicht den Wünschen der Union fügte, sehr wohl im Bereich der Möglichkeit lag. Die Aussicht, grade jetzt mit der Union sich zu überwerfen, war für Palmerston, den allmächtigen Minister des Auswärtigen in England alles andere wie verlockend. Zunächst war er selbst ja für seine Person jeder kriegerischen Verwicklung abgeneigt und hatte die Aufrechterhaltung des Friedens jederzeit als sein höchstes Verdienst sich zugerechnet[1]. Aber auch davon abgesehen war die Lage Englands nicht danach angetan, auch noch einen Kampf mit Amerika zu wagen. Erinnern wir uns kurz der politischen Konstellation, wie sie Ende 1849 und Anfang 1850 bestand[2]. Nach dem Siege der Reaktion war Lord Palmerston, der sich allenthalben der liberalen Störungen angenommen hatte, nirgends beliebt. Dazu kamen aber auch sachliche Konflikte mit fast allen europäischen Mächten. Eben erst war Preußen, vor allem durch englischen Druck, zur Auslieferung Schleswig-Holsteins an Dänemark veranlaßt worden und noch waren die Verhandlungen nicht beendet. Durch die Unterstützung Sardiniens hatte sich Palmerston auch mit Österreich überworfen; das enge Verhältnis zwischen Österreich und Rußland, dessen strengkonservativer Zar die Politik des liberalen Engländers sowieso aufs lebhafteste mißbilligte, hatte gerade in der gemeinsamen Unterdrückung der ungarischen Revolution seinen Ausdruck gefunden. Ende 1849 schien sich der Knoten zu schürzen: als nämlich eine englische Flotte in die Dardanellen einlief, um dem Sultan gegen die Forderung der Ostmächte, die ungarischen Flüchtlinge auszuliefern, Schutz zu verleihen. Im Januar 1850 überwarf sich dann Palmerston auch noch mit seinem einzigen europäischen Bundesgenossen, Frankreich, infolge seines brutalen Vorgehens gegen Griechenland

[1] F. Salomon, Die Grundzüge der Auswärtigen Politik Englands bis zur Gegenwart (Zeitschrift für Politik, Band III 1910).

[2] Emil Daniels, Königin Victoria und Lord Palmerston. (Preußische Jahrbücher 1910).

in der Pazifico Angelegenheit; grade im März—April scheiterten die Verhandlungen zwischen London und Paris, was im folgenden Monat die Abberufung des französischen Gesandten in London zur Folge hatte. —

Auch die Verhältnisse in Amerika mahnten zur Vorsicht. Weite und finanziell einflußreiche Kreise der Union, darunter Vanderbilt waren am Kanalbau lebhaft interessiert; verhandelte doch der offizielle Gesandte der Vereinigten Staaten in Mittelamerika, Squier, für diese Großkapitalisten mit den Regierungen über den Kanalbau. Endlich mögen auch die kanadischen Verhältnisse und ihre Wirkung auf die Union mitgesprochen haben. 1849 hatte England gegen die ständig anwachsende Agitation Kanadas für einen Anschluß an die Union einschreiten müssen mit der Verordnung, daß Beamte, die sich an der Anschlußadresse beteiligt hatten, abgesetzt werden sollten. All dies diente natürlich nicht dazu, die Mißstimmung der öffentlichen Meinung in den Staaten gegen Großbritannien zu dämpfen und ihnen auf dem Wege der energischen Durchsetzung ihrer Ansprüche Einhalt zu gebieten.

Die Möglichkeit einer kriegerischen Auseinandersetzung lag wohl vor und ihr wollte England unter allen Umständen selbst um den Preis schwerer Opfer entgehen.

„Eine Pandorabüchse von Schwierigkeiten und Mißverständnissen" sei der Clayton Bulwer Vertrag gewesen, sagt ein moderner Beurteiler und zwar mit Recht. Jedoch war die Neutralität des zukünftigen Kanals für die Union gesichert und damit die Tatsache festgelegt, daß das westindische Mittelmeer als Verbindungsweg zwischen dem Atlantischen und Stillen Ozean nicht ausschließlich englisch werden würde. Sobald sich aber die allgemeine politische Lage für Großbritannien wieder günstiger gestaltete, nahm es die alten Pläne wieder auf, und im Juni 1852 wurden die geräumten Baiinseln von neuem annektiert. Aber diesmal waren die Vereinigten Staaten auf der Hut; unter ausdrücklicher Berufung auf den eben abgeschlossenen Vertrag und, was besonders bemerkenswert ist, auch auf die Monroe-Doktrin wurde die sofortige Aufgabe der Inseln gefordert. Aber erst nach langem Zögern gab sie England 1859 an Honduras zurück, und verzichtete im folgenden Jahre im Zeledon-Wyke Vertrag ausdrücklich auch auf das Protektorat über die Mosquitierküste (1860). Gladstone, der damalige englische Minister wollte ebenso wie sein Vorgänger Palmerston eine Verwicklung mit der Union auf jeden Fall vermeiden, trotzdem Honduras, dank Chatfields eifrigen Bemühungen, die erneute Annexion als rechtsgültig anerkannt hatte. Die Union versäumte nicht, ihre Stellung in den von England freigegebenen Gebieten zu befestigen und die fünf Republiken eindringlichst zum Zusammenhalten zu ermahnen, um sie so besser beherrschen zu können. 1851 rief der Staatssekretär Webster ihnen zu: „How little is the probility, that Centralamerica can ever attain her prodignity and properdesting, while divided in so many small states."[1])

Inzwischen war die Herstellung einer gesicherten Verbindung durch Zentralamerika von Tag zu Tag wichtiger geworden. Kalifornien, das neue Goldland, war das Ziel vieler Tausende von Auswanderern und eine gesicherte Verbindung dorthin wurde allmählich für eine westliche Ausbreitung zur Lebensfrage. Der nächste Weg führte nun damals, vor dem Bau der Pazifikbahnen, von den Küsten des atlantischen Ozeans zu denen des Stillen Ozeans über Zentralamerika. Daher bildeten sich in den Vereinigten Staaten eine Reihe kapitalkräftiger Verkehrsgesellschaften, die bis zum Bau von Eisenbahnen quer durch das nördliche Festland den Verkehr auf der oben beschriebenen Route zu erleichtern unternahmen, und zugleich die Möglichkeit des Kanalbaues untersuchten. Als wichtigste von ihnen entstand 1850 die Accessory Transit Co. in New York, die eine gesicherte Verbindung über den Isthmus von Nicaragua herstellte und mit gutem finanziellem Erfolge gearbeitet hat. Um die nötigen Konzessionen zu erlangen, mußte sich die Gesellschaft in die inneren Verhältnisse der Republiken einmischen und mit Gewalt oder Geld sich das Wohlwollen der derzeitigen Machthaber erwerben. 1851 kam mit Nicaragua ein Vertrag zu Stande, in dem die Company der Regierung 10 % des Reingewinnes und freie Benutzung aller ihrer Einrichtungen gegen die Gewährung eines Verkehrsprivilegs einräumte. Jedoch standen große Teile der Bevölkerung dieser Abtretung gewisser staatlicher Hoheitsrechte unfreundlich gegenüber. Es konnte ja auch gar nicht ausbleiben, daß von der großen Masse Menschen, die über den Isthmus strömten, dieser oder jener beschloß, im Vertrauen auf die verworrenen politischen Verhältnisse schon hier sein Glück zu versuchen und

---

[1]) Büchi, Geschichte der panamerikanischen Bewegung. Abschnitt 3: Die Organisation von Zentralamerika. S. 163.

auf Kosten der Einwohner sich mit List oder Gewalt zu bereichern. Für die Unterstützung der einen oder anderen Revolutions-Partei, die ja fast immer vorhanden war, wurden bewaffnete, mit Abenteurern bemannte Schiffe in den amerikanischen Häfen ausgerüstet, wobei die dortigen Behörden nichts ahnen oder nichts sehen wollten. Zweifellos hat dieser kühne Abenteurertyp, der so entstand, und in dem sich schlaue finanzielle Berechnung und politischer Ehrgeiz seltsam vermengten, dem Ansehen der Vereinigten Staaten gewaltig geschadet, der Gewinnung und Ausbreitung ihrer Interessensphäre aber ebenso sehr genützt. Ein solcher Mann war William Walker, auf dessen Fahrten wir einen kurzen Blick werfen wollen.

Besonders in San Juan del Norte war eine starke amerikanische Kolonie entstanden; 1854 griffen infolge Zwistigkeiten amerikanische Kriegsschiffe ein, um die Ansprüche ihrer Landsleute zu unterstützen. Man suchte Anhang bei regierungsfeindlichen Elementen und half ihnen durch Ausrüstung von Expeditionen. 1855 warb einer der Führer, Byron Cole, 300 Landsleute zu diesem Zwecke an, landete mit ihnen an der atlantischen Küste und begann die offizielle Regierung zu bekämpfen. Unter ihnen befand sich auch Walker, dem es bald gelang, nach einigen Erfolgen eine führende Rolle in Nicaragua zu spielen. Die Transit-Company unterstützte ihn aufs freigiebigste mit Geld, Mannschaften und Material jeder Art, wofür er ihre Rechte erweiterte. Trotz seiner offenbaren Gewaltherrschaft, die sich auf keine Spur von Recht stützen konnte, fand er an den Vereinigten Staaten, die ihn als Hauptträger der amerikanischen Expansion und als zukünftigen Einiger ganz Mittelamerikas unter amerikanischer Führung ansahen, einen Halt. Wider alles Recht wurde sein Gesandter in Washington offiziell anerkannt. Nun wandte sich Walker zunächst gegen Costarica, da hier das britische Gegenspiel einsetzte und es auch zuwege brachte, die Nachbarrepubliken gegen die fremde Herrschaft, die allenthalben größten Unwillen erregt hatte, zu einen. Guatemala, Costarica und Honduras fielen gemeinsam über Walker her, der 1856 von der Union als Präsident Nicaraguas anerkannt war. Bemerkenswert ist, daß Walker den Kampf mit Costarica ausdrücklich mit der englandfreundlichen Politik dieses Landes, einer Folge des mächtigen Einflusses des britischen Kapitals, begründete. Die Hinneigung des Amerikaners zur klerikalen Partei, daraus entstehende Streitigkeiten mit der Vanderbiltschen Transit Co., deren Agenten in Nicaragua allmächtig geworden waren, führten seinen Sturz herbei. 1857 mußte er das Land räumen, wurde jedoch von einem amerikanischen Kriegsschiff aufgenommen und so seinen Gegnern entzogen. Bei einem späteren Versuche, von Honduras aus seine alte Machtstellung wieder zu gewinnen, wurde er geschlagen und von einem englischen Kriegsschiffe, auf das er sich geflüchtet hatte, ausgeliefert und 1860 erschossen. Wäre ihm sein kühnes Vorhaben, ein einiges Reich von Mexiko bis Panamá unter dem Schutz der Vereinigten Staaten zu gründen, geglückt, er wäre wohl, wie einst Jackson, als Pionier der siegreichen Expansion gepriesen worden, trotz der vielen Grausamkeiten, die er sich hat zu Schulden kommen lassen. Auch weiter im Süden, in Panama, hatten sich ähnliche Vorgänge abgespielt. Ein amerikanisches Syndikat hatte hier 1850—55 die Panama Railroad gebaut, nachdem schon 1846 zwischen Neu Granada und den Vereinigten Staaten ein Vertrag über den zukünftigen Kanal zu Stande gekommen war, der die völlige Neutralität und Integrität des ersteren Landes sicherte. Hier hatte die große Fremdenfeindlichkeit der Bewohner schon Gelegenheit zur Einmischung gegeben; 1854 hatten die Vereinigten Staaten zusammen mit europäischen Mächten gegen die Gefährdung der Überlandtransporte durch Räuber protestiert und, als 1856 bei einem Kampfe zwischen Indianern und amerikanischen Abenteuerern 15 von diesen getötet wurden, war ein amerikanisches Geschwader erschienen, um Genugtuung und Schadenersatz zu fordern.

In den zehn Jahren von 1848—1858 entschied sich das Schicksal Mittelamerikas: für die Gegenwart, daß es nicht englisch werden sollte, für die Zukunft, daß es einst in den Besitz der Vereinigten Staaten übergehen werde. 1858 wurde zur Entscheidung von Grenzstreitigkeiten zwischen Nicaragua und seinen Nachbarn der Präsident der Vereinigten Staaten als Schiedsrichter angerufen. Jedoch vermieden es die Staatsmänner in Washington, ihr Interesse für Zentralamerika allzu deutlich zu zeigen. Die Walkersche Herrschaft hatte doch die kleinen Staaten zu sehr erregt und gegen die Expansionsabsichten der Union zu argwöhnisch gemacht, als daß ein Weitergehen auf diesem Wege hätte Erfolg versprechen können. Erwähnt sei auch, daß man in Südamerika das Vorgehen Walkers und die Haltung der Vereinigten Staaten durchaus gemißbilligt hatte. Der ausbrechende Sezessionskrieg und die Aufschließung des Westens nahmen das Interesse der Vereinigten Staaten jetzt ausschließlich in Anspruch. Hingegen schliefen die einmal geweckten wirtschaftlichen Beziehungen nicht wieder ein. Der Handel Zentralamerikas mit der Union betrug (in Tausenden Dollars Gold):

	Einfuhr in die Union	Ausfuhr aus der Union
1873/74	1,381	2,896
1877/78	1,480	3,070
1894/95	6,373	11,581

woraus zu ersehen ist, daß er sich ungefähr um ein fünffaches gehoben hat.

Zu Beginn der 80er Jahre schien es, als ob die Vereinigten Staaten den mittelamerikanischen Verhältnissen aktive Teilnahme zuwenden würden. Besonders der Staatssekretär Blaine hatte von jeher die Ueberzeugung vertreten, daß die panamerikanischen Ziele, deren eifriger Anhänger er selbst war, nur dann Aussicht auf Verwirklichung haben würden, wenn es gelang, die Brücke zwischen Norden und Süden in die Hand zu bekommen. Gefahr war im Verzuge, als die Lesseps-Gesellschaft wider alles Erwarten im Jahre 1879 mit dem Kanalbau begann. Die Antwort der Union ließ nicht lange auf sich warten; bereits am 10. April 1880 erklärte Präsident Hayes in seiner Jahresbotschaft an den Kongreß, daß die ozeanische Verbindung zwischen dem atlantischen und pazifischen Ozean sich als ein Teil der Küstenlinie der Vereinigten Staaten darstelle, wobei er die Forderung der „posession, direction, control and government" der Union über das zukünftige Kanalgebiet aufstellte. Damit war eine amerikanische Expansion mit den weitesten Zielen angekündigt. Zugleich wurden mit England Verhandlungen über eine Revision des Clayton Bulwer-Vertrages, dessen Neutralitätsbestimmungen sich nun zu einer Fessel für das weitere Vorgehen der Union entwickelt hatten, angeknüpft, die jedoch an dem Widerstand Englands scheiterten (1881—1885).

Blaine selbst nahm die alte Politik der Union, die einzelnen Staaten Mittelamerikas unter ihrer Vorherrschaft zu einen und sie als Block den europäischen Bestrebungen entgegenzusetzen, wieder auf. 1881 erklärte er mit Bezug auf Zentralamerika: „The

United States are ready to avow, that no subject appeals more strongly to its sympathy, nor more decidedly as the Union of Central America. For many years this government has urged upon the Central America States the importance of such union to the creation of a well ordered and constitutionally governed republic."[1]) Besonders die Tätigkeit des Präsidenten Barrios (1877—1885) in Guatemala, der sein Land in geordneten Zustand brachte und zielbewußt an der Einigung Mittelamerikas arbeitete, fand in der Union wohlwollende Unterstützung. Blaine vermied es aber auch jetzt aufs peinlichste, sich in die inneren Verhältnissen der einzelnen Republiken einzumischen. Es waren amerikanische Geschäftskreise, die am Handel mit Zentralamerika interessiert waren, welche von ihrem Vaterland verlangten, es sollte ihnen hier friedliche Zustände garantieren.

Sobald sich aber die Ueberzeugung Bahn brach, daß die Lesseps-Gesellschaft ihr Projekt doch nicht durchführen würde und gar, als 1889 der Kanalbau völlig eingestellt wurde, flaute das Interesse der Amerikaner wieder merklich ab. Denn noch mehr als andere Präsidenten war Cleveland jeder territorialen Expansion, sei es auch nur zum Zwecke der Schaffung von Interessensphären, abgeneigt. Der 1884, nicht zum mindesten durch Blaines Bemühungen abgeschlossene Freylinghousen Zevalla Vertrag, in dem Nicaragua der Union das Recht zum Kanalbau einräumte, wurde nicht ratifiziert. Ebenso wurden die Bitten der Republiken, bei Grenzstreitigkeiten zwischen den einzelnen Staaten das Schiedsrichteramt auch weiterhin zu übernehmen, in Washihgton 1885 abgewiesen und auch als 1889 die mühsam hergestellte Einheit an dem Widerstand der beiden fortgeschrittensten Staatswesen, Guatemala und Costarica, scheiterte, griff die Union nicht ein. Man glaubte mit der Erringung der Gleichstellung mit England genug getan zu haben.

Die wirtschaftlichen Verbindungen waren eben noch nicht stark genug, um einer politischen Expansion größeren Stils als Unterlage zu dienen. Während die Vorgänge auf Cuba, wo der amerikanische Handel lebhaft beschäftigt war, das größte Interesse erregten, kümmerten sich wenige um die Geschichte der kleinen Republiken. Erst als

[1]) Büchli, a a. O. S. 162 ff.

unter gänzlich veränderten Verhältnissen die Vereinigten Staaten all die Sicherheiten, welche Hayes bezüglich der interozeanischen Verbindung für sein Vaterland fordern zu müssen geglaubt hatte, sich mit starker Hand einfach nahmen, werden wir das Vordringen der nördlichen Republik am Westrande des westindischen Mittelmeeres weiter verfolgen.

§ 3. Amerikanische Versuche in Westindien.

Cuba.

Während für die meisten europäischen Kolonien in Westindien der Beginn des Revolutionszeitalters das Ende ihrer einstigen Herrlichkeit bedeutete, lebte Cuba auf und wurde erst damals wirklich zur reichsten Insel der Antillen. Haiti, die wichtigste Nebenbuhlerin, war menschenarm geworden, da die meisten Ansiedler entweder tot oder ausgewandert waren und auf den Stätten der reichen Plantagen Neger und Mischlinge in erbarmungslosem Kampfe sich aufrieben. Für die andern Antillen war der englisch-französische Krieg verderblich gewesen, und die Abschaffung der Sklaverei verhinderte jedes Wiederaufblühen in größerem Maße.[1]) Von den gesamten Antillen und nach der Abtretung Louisianas auch aus diesem Gebiete kamen die Flüchtlinge nach Cuba geströmt.[2]) Der Kaffee-, Tabak- und besonders der Zuckeranbau entwickelten sich hier zu höchster Blüte. Da der Handel — es war ja noch vor dem Sezessionskrieg — sich zum überwiegenden Teile auf amerikanischen Schiffen vollzog, so konnte er auch in Kriegszeiten relativ ungestört weiter betrieben werden. Auch nach dem Friedensschluß blieb Cuba der Hauptmarkt für Zucker, dessen Ausfuhr fast ausschließlich nach Spanien und der Union ging; besonders letzterer Handel wuchs mehr und mehr, als Cuba 1818 zum Dank für seine untadelige Haltung gegen Spanien das Recht erhalten hatte, mit allen Ländern direkt Handel zu treiben. Wurden von 1815—19 jährlich im Durchschnitt 3.300 tausend Arroben[3]) Zucker ausgeführt, so stieg diese Zahl schon für den Durchschnitt der Jahre 1821—25

[1]) Vgl. Wagemann, Britisch-westindische Wirtschaftspolitik.

[2]) Vgl. Deckert, Cuba S. 7.

[3]) 1 Arrobe = c. 11 Kilogramm.

auf 7.530 tausend Arroben. Damals ging die Zollpolitik der spanischen Regierung mit Bedacht und Mäßigung vor, und es war nur die natürliche Folge, daß die wirtschaftliche Lage der Insel sich mit jedem Tage besserte, wobei ihr besonders zustatten kam, daß die englischen zuckerproduzierenden Kolonien infolge der Aufhebung der Sklaverei in schwere Bedrängnis gerieten und je länger, desto weniger Zucker ausführen konnten. 1837 erreichte der Zucker-Export Cubas schon die gewaltige Ziffer von 9.650 tausend Arroben; aber 1843, allerdings in einem Rekordjahre, war er schon auf 20.000 tausend Arroben angeschwollen; in sechs Jahren also eine Steigerung um das doppelte! Der cubanische Handel, besonders der mit Spanien, machte auf Kosten der andern Antillen gewaltige Fortschritte. Obwohl das Mutterland auf englisches Drängen die Sklaveneinfuhr unterbunden hatte, stand diese Maßnahme doch nur auf dem Papier; tausende neuer Schwarzer wurden heimlich auf Schmuggelschiffen nach der Insel eingeführt und ermöglichten ein Vermehren der Zuckerpflanzungen, was wiederum der spanischen Regierung, die ihre Haupteinnahmen aus den Zuckerzöllen zog, zugute kam. Es war bald ein offenes Geheimnis, daß Großbritannien diese ungeahnte Blüte Cubas mit scheelen Augen ansah. Besonders das Fortdauern der spanischen Sklaveneinfuhr, die trotz eines dauernden Aufgebotes englischer Geschwader nicht zu unterbinden war, erfüllte die Briten, die ihre eigenen Antillenbesitzungen durch das Aufhören der Sklaveneinfuhr aufs schwerste geschädigt hatten, mit dem größten Unwillen gegen Spanien. Es dauerte nicht lange, so wurden in Cuba englische Agenten festgestellt, welche an der Arbeit waren, die dortigen Sklaven zur Unzufriedenheit und zum Aufstand aufzustacheln und zu diesem Zwecke weder Geld noch Mühe schonten. Es wurde immer deutlicher, daß Großbritannien nur auf eine geeignete Gelegenheit wartete, um offen einzugreifen und womöglich sich die Insel selbst anzueignen. Es ist das Gegenstück zu dem planmäßigen Vorgehen dieser Macht, die Küstenländer der Karibischen See, soweit sie für einen interozeanischen Kanal wichtig werden konnten, in die Hand zu bekommen. Klar zu Tage lag Englands Absicht, im westindischen Mittelmeer den Union Jack zur herrschenden Flagge zu machen; auf diese Weise eine allzu große Machtentwicklung der Vereinigten Staaten, die Kanada hätte gefährlich werden können, im Keime zu ersticken; sich selbst einen maßgebenden Einfluß auf die Entwicklung der jungen Republiken Südamerikas zu sichern; ferner den zukünftigen Kanal zu beherrschen und auch andere europäische Mächte zu verhindern, dem schwachen Spanien seinen letzten wertvollen Kolonialbesitz fortzunehmen. Besonders die Besorgnisse vor den französischen Aspirationen, die im Golf von Mexiko nur zu durchsichtig waren, veranlaßten die britische Politik zu dauernder Vorsicht. Napoleon III. glaubte ja in Mexiko und auf den großen Antillen die alten Zeiten eines großen französischen Kolonialreiches wieder heraufführen zu können. Kam es einmal zu einem ernsten Konflikt zwischen Frankreich und Spanien — oft war es ja beinahe so weit gewesen — so war ein Besitzwechsel Cubas ebenso wahrscheinlich, wie bei einem Zusammenstoß zwischen Spanien und England selbst.

Für das amerikanische Volk wurde, seitdem die öffentliche Meinung überhaupt eine kräftige auswärtige Politik forderte, Cuba zu einer Hoffnung und Erwartung; alles, was sich für den Expansionsgedanken begeisterte, fand in ihr das gegebene Objekt dafür schlechtweg. Der Wunsch nach der späteren Einverleibung Cubas wurde zu einem Bestandteile des amerikanischen Nationalgefühls. Nachdem durch den Louisianakauf die Vereinigten Staaten eine westindische Mittelmeermacht geworden waren, ist der Gedanke, Cuba zu erwerben, nie wieder verschwunden und mit der allergrößten Deutlichkeit haben gerade die höchsten Würdenträger immer und immer wieder auf diese Notwendigkeit hingewiesen. Allerdings konnte auch der Wert Cubas für die Union gar nicht überschätzt werden. Zunächst fiel der große Vorteil der Nähe schwer ins Gewicht. Nur durch einen schmalen Meeresarm von der Hauptmasse des nordamerikanischen Staatsgebietes getrennt, war es die von Natur gegebene Schlüsselstellung zur Beherrschung des ganzen westindischen Mittelmeeres. Eine Macht, welche die Insel fest in der Hand hatte, konnte die westindische See sperren und war diese Macht Amerika, jeden europäischen Versuch, hier Einfluß zu gewinnen, leicht abweisen. Cuba selbst bot den Vorteil der leichten Verteidigungsfähigkeit; der Hafen von Havana, bei weitem der beste in diesem Teile des Atlantischen Ozeans, war im Verein mit Key West der gegebene Stützpunkt der amerikanischen Marine gegen europäische Flotten. Befand sich diese Stellung dagegen in den Händen einer andern Großmacht, die kräftig genug war, mit Aussicht auf Erfolg den Süden der Union angreifen zu können, so war das zähe

Bemühen der amerikanischen Politik, Bundesgenossen für den unruhigen Süden fernzuhalten, vergebens gewesen. Wirtschaftlich war Cuba die gegebene Ergänzung für die Union: gerade seinen Zuckerbedarf mußte das sonst so autarkische Land fast vollständig aus der Fremde einführen, welcher Handel mit Cuba — wie wir schon gesehen haben — in der ersten Hälfte des 19. Jahrhunderts sich fast gänzlich unter amerikanischer Flagge vollzog. Daneben bot die Insel für die Sklavenstaaten noch die Möglichkeit, sich Schwarze zu verschaffen. Dies hörte sofort auf, wenn Cuba unabhängig wurde, da die Farbigen das fruchtbare Land in die Hand bekommen und jeden Sklavenexport unterbinden würden (1850 bestand der dritte Teil der cubanischen Bevölkerung aus Sklaven). Norden und Süden der Union mußten aber eine Wiederkehr der fürchterlichen Verhältnisse, wie sie eine farbige Herrschaft in Haiti und San Domingo gezeitigt hatten, um jeden Preis verhindern; wäre dies doch mit einem Aufhören jeder geregelten Handelsbeziehung gleichbedeutend gewesen. Aber noch wichtiger waren die gefühlsmäßigen Werte, die mehr und mehr sich einen beherrschenden Einfluß in den Herzen der Amerikaner sicherten. Gerade der spätere Besitz Cubas erschien von jeher „manifest destiny," eine geheiligte Tradition, mit der jeder Präsident zu rechnen hatte mochte er Demokrat oder Republikaner sein, wenn ihm an seiner Beliebtheit in weiten Volkskreisen etwas lag. Gingen auch die Ansichten über den Zeitpunkt und die Art, wann und wie diese Erwerbung einst Tatsache werden sollte, weit auseinander: die Tatsache, daß Cuba einst amerikanisch werden würde, stand fest.

Schon 1809 hatte Jefferson auf die Möglichkeit einer späteren Erwerbung hingewiesen und als Hauptargument für seinen Plan die leichte Verteidigungsfähigkeit der Insel hervorgehoben; sein ganzes Leben lang hat er sich für diesen Plan verwandt. Als die Monroe-Doktrin das Problem der fremden Besitzungen in der neuen Welt im Sinne der Vereinigten Staaten zu lösen versuchte, war es wieder Cuba, an das die Staatsmänner in Washington in erster Linie dachten. Als 1823 ein spanisch-französischer Krieg bevorzustehen schien, da erklärte Quincey Adams: „Whatever may be the issue of this war, it may be taken for granted, that the dominion of Spain, upon the American continents, north and south, is irrevocably gone .... Cuba and Porto Rico are natural appendages to the North American Continent and one of them .... (both are) an object of transcendant importance to the commercial and political interests of the Union ... It is scarcely possible to resist the conviction, that the annexation of Cuba to our federal Republics will be indispensable to the continence and integrity of the Union. There are laws of political as well as physical gravitation. The transfer of Cuba to Great Britain would be an event unpropitius to the interests of the Union."[1]) Das war deutlich genug und zu seiner Bekräftigung schrieb noch Jefferson in demselben Jahre, daß Cuba „alone seems at present to hold up a speck of war to us.[2]) Als 1825 England und Frankreich eine gemeinsame Erklärung ihres Desinteressements an Cuba beschlossen, und die Vereinigten Staaten aufforderten, sich dieser Erklärung anzuschließen, erfuhren sie eine glatte Absage, wobei ihnen Henry Clay, der damalige Staatssekretär noch einmal ausdrücklich erklärte: die Vereinigten Staaten könnten nie einer Besetzung Cubas oder Portoricos durch irgend eine europäische Macht außer Spanien zustimmen, möge auch die Lage sein wie sie wolle (under any contingency whatever).[3]) Spanien durfte allein seine Besitzungen für die zukünftigen Herren weiter verwalten. Die Reihe dieser Erklärungen von amerikanischen Staatsmännern ließe sich noch lange fortsetzen; jedesmal, wenn Wolken am politischen Horizont auftauchten, wurde den europäischen Mächten ein „Hände weg" von Cuba zugerufen; so geschah es 1840, als man eine britische Okkupation befürchtete, so 1843, als Webster sogar erklärte, daß „in the event of an attempt on the part of any European power to wrest Cuba from her, Spain might scarcely rely upon the whole naval and military resources of the U.S.A. to aid her in preserving or recovering it."[4]) Man war entschlossen, englischen und französischen Einverleibungsgelüsten gegenüber sogar Spanien mit Waffengewalt zu helfen. Die unaufhörlich fortschreitende Besiedlung des Westens hatte, wie wir gesehen habe, die Beherrschung des interozeanischen Kanals zu einer Lebensfrage für die Vereinigten Staaten gemacht. Zu einer Beherrschung der westindischen Seite dieser Verbindung gehörte nun in erster Linie der Besitz der cubanischen Schlüssel-

---

[1]) Fletcher Johnson, A Century of Expansion. S. 264.

[2]) Derselbe, S. 267.

[3]) Derselbe, S. 267.

[4]) Latané, Intervention of the U. S. A. in Cuba. North American Review 1898. —

stellung. Zudem verlangten auch die Sklavenstaaten, die in Cuba einen späteren Zuwachs und ein Reservoir für neue Schwarzen zu finden hofften, immer dringender die Annexion. Erinnern wir uns dazu, daß die Gefahr eines englischen Zuvorkommens stets im Hintergrunde lauerte und dem überaus empfindlichen amerikanischen Volke unerträglich wurde. So bildeten sich bald überall in der Union Gesellschaften, um die Loslösung Cubas von Spanien und seine Eingliederung in die Vereinigten Staaten herbeizuführen. Die Meinungen über das spätere Schicksal nach dieser Eingliederung waren natürlich recht geteilt, und im Norden waren weite Kreise diesen Plänen überhaupt abgeneigt. Da kapitalkräftige Südstaatenpflanzer diesen Vereinen aber auch das nötige finanzielle Rückgrat verschafften, so wurde die Agitation in den Vereinigten Staaten, wie auch unter den Farbigen Cubas, eifrig betrieben. Die aus Cuba verbannten Unabhängigkeitsfreunde gründeten, vor allem in New York, New Orleans und Key West, Junten, von denen die cubanische Aufstandbewegung geleitet und unterstützt wurde. Kühne Abenteurer-Expeditionen unternahmen es, ungehindert von den amerikanischen Behörden, vom Festlande aus große Mengen Waffen und Munition in die spanischen Besitzungen zu schmuggeln, was ihnen bei der Lässigkeit und Unaufmerksamkeit der spanischen Beamten auch meistens glückte. 1848 unter der Präsidentschaft Polks wurden auch die ersten offziellen Verhandlungen mit Spanien über einen Kauf Cubas begonnen. Das Angebot der Vereinigten Staaten, für 50 Millionen Dollar die Insel abzutreten, wurde von Spanien glatt abgelehnt.

Solange die Cubaner selbst, entschädigt durch die günstige wirtschaftliche Lage, ihre politische Abhängkeit von dem Mutterland nicht als Last fühlten und deshalb an den Freiheitsbestrebungen des amerikanischen Kapitals nicht den nötigen Gefallen fanden, hatte Spanien wenig zu befürchten und die Möglichkeit für die Vereinigten Staaten, die Insel durch Kauf zu erwerben, blieb beinahe aussichtslos. In den fünfziger Jahren trat ein großer Umschwung der Verhältnisse ein. Hatte sich die wirtschaftliche Lage noch nicht so sehr verschlechtert, so war doch durch Überspekulation ihre Basis geschwächt; viele Sklavenentlassungen, die durch das Zusammenbrechen ungesunder Unternehmungen nötig geworden waren, hatten zu Unzufriedenheiten geführt; vor allem erregten die Versuche Spaniens, die Kosten des San Domingo-Abenteuers auf Cuba abzuwälzen, allgemeine Entrüstung auch unter den früher loyalen Kreisen Cubas und machten diese einer Erhebung mehr geneigt als vorher. Im Jahre 1850 versuchten die Unabhängigkeitsfreunde ihren ersten großen Schlag. Ein ehemaliger spanischer General Lopez erschien mit einer Expedition, die zu einem großen Teile aus amerikanischen Abenteurern bestand, in Cardenas bei Havana und versuchte von hier aus einen allgemeinen Aufstand herbeizuführen. Das Unternehmen, dessen Schiffe und Mannschaften fast alle amerikanisch waren, mißlang trotz der reichen Unterstützung durch südstaatliches Geld kläglich. Für die Haltung der Regierung der Vereinigten Staaten war es schon bezeichnend, daß sie bei der spanischen die Straffreiheit und sofortige Entlassung ihrer gefangenen Staatsbürger verlangte und auch zugesagt erhielt. Lopez wurde in den Vereinigten Staaten freigesprochen. 1851 erschien er infolgedessen wieder auf der Insel, wurde aber mit den 500 Mann, die er aus der Union mitgebracht hatte, vernichtend geschlagen; er selbst und sein Stab gefangen genommen und standrechtlich erschossen. Diese Vorgänge erregten in der Union, besonders als bekannt geworden war, daß auch mehrere amerikanische Staatsbürger darunter gewesen waren, den bekannten Sturm der Entrüstung; der noch anschwoll, als man erfuhr, daß Versuche des amerikanischen Präsidenten, den Verbrechern wenigstens das Leben zu retten, von der spanischen Regierung kategorisch abgelehnt waren. In New Orleans insultierte der Pöbel die spanische Flagge. Spanien glaubte sich aber doch nicht stark genug, mit den Vereinigten Staaten deswegen in einen offenen Konflikt sich einlassen zu können und begnadigte die wenigen Amerikaner, die noch am Leben waren. England und Frankreich waren ihm zur Seite gesprungen und hatten offiziell gegen die Abenteurerzüge protestiert. Auch die Vereinigten Staaten, die England zum Dank für den eben abgeschlossenen Clayton Bulwer Vertrag etwas entgegenkommenwollten, desavouirten nachträglich wenigstens offiziell das Vorgehen des Lopez, was natürlich nichts besagen wollte.

Die Amerikaner hatten auf Cuba selbst wirtschaftliche Interessen erworben. Trotz der strengen spanischen Bestimmungen hatte sich amerikanisches Kapital in der Zuckerproduktion investiert; handelte es sich um die Mitte des Jahrhunderts noch um geringe Summen, so wuchsen diese doch unaufhörlich. Der Schiffsverkehr zwischen dem Festlande und Cuba wurde ebenfalls immer reger;

1848 wurde auf Grund der Shipping act von 1847 eine Postlinie New York—New Orleans eingerichtet, deren Schiffe auch Havana anliefen, nachdem dieser Hafen schon 1845 mit Key West durch regelmäßige Linienfahrten verbunden war. Durch den hohen Flaggenzoll, den Spanien von ausländischen Schiffen erhob, fühlten sich die amerikanischen Reeder ihrerseits eingeengt. Die Handelskreise sahen in den hohen Ausfuhrzöllen, die den cubanischen Zucker, der vorwiegend nach den Vereinigten Staaten ging, belastete, ein recht großes Hindernis für ein weiteres Aufblühen dieses Warentausches. Im ganzen genommen war die Stimmung in den Vereinigten Staaten ungefähr folgende: im Norden waren weite Kreise einer Annexion der Insel abgeneigt, weil sie durch den Zuwachs so vieler Schwarzen eine zu große Stärkung des Südens befürchteten oder, wie vor allem Karl Schurz, jede gewaltsame Annexion für eine Versündigung am Geiste Washingtons hielten. Im Süden war man natürlich für eine Eingliederung der spanischen Besitzungen begeistert; beide Teile aber wollten die Bildung einer neuen unabhängigen Republik, die von Farbigen geleitet wurde, verhindern. Daneben gab es in Nord und Süd viel Schwärmer, die in einer Ausdehnung des amerikanischen Schutzes über die unter Fremdherrschaft seufzenden Inseln, den wahren Beruf der Vormacht Amerikas sahen. Bei der großen Sentimentalität, die dem amerikanischen Volke eigen ist, fanden Dichter, die in späteren Jahren die Union als Lohengrin und Cuba als trauernde Elsa besangen, entzückte Zuhörer. Jedoch lag in diesen unklaren Gefühlsregungen die erste Wurzel des späteren *gefühlsmäßigen amerikanischen Imperialismus, der fest davon überzeugt ist, daß es überall auf der Welt wahres Glück und wirkliche Zufriedenheit nur unter der Flagge der Sterne und Streifen gebe.*

Auch hier war es wieder Buchanan, der eifrig diese Träume in die Tat umzusetzen versuchte. Auf seine Anregung vereinigten sich 1854 die amerikanischen Botschafter aus London, Paris und Madrid in Ostende zu Besprechungen und erließen gemeinsam das berühmte „Manifest von Ostende". Hier wurde wieder von amtlicher Seite ganz unumwunden die Annexion Cubas als unbedingt nötig für die Union erklärt; man ging sogar so weit, hinzuzufügen, daß, im Falle den Vereinigten Staaten eine friedliche Erwerbung unmöglich gemacht werde, sie zu militärischen Machtmitteln greifen müßten; als Begründung wurde sonderbar genug angegeben, daß „Dauernde Unruhen auf Cuba den Bestand der Union bedrohten." 1858 wurde noch einmal in einer Petition an den Senat der Verkauf durchzusetzen versucht; man wollte Spanien etwa 40—50 Mill. Doll. Gold als Entschädigung geben; nach langen Beratungen wurde die Petition jedoch abgelehnt. Buchanan hatte die Forderung der Erwerbung Cubas während der Präsidentenschafts-Kampagne 1856 mit allem Nachdruck vertreten und, als er im folgenden Jahre Präsident geworden war, wieder in drei seiner Botschaften an den Kongreß erwähnt. Der Ausbruch des Sezessionskrieges unterbrach eine kräftige Fortführung dieser Politik.

Die Lage auf Cuba wurde immer verworrener. Die ungeheuren Zuschüsse, welche die Insel zum dominikanischen, dann auch zum mexikanischen Abenteuer hatte zuschießen müssen, hatten das wirtschaftliche Gedeihen untergraben. Auch der Sezessionskrieg, der für manche andere Insel Westindiens segensreich war, brachte ihr keinen Aufschwung; im Gegenteil, die Unruhen nahmen überhand und erst jetzt wurde die Masse der Kreolenbevölkerung, die allerdings schon immer über die Bevorzugung der Spanier gemurrt hatte, deren Herrschaft überdrüssig, da ihr wirtschaftlich kein Ersatz für ihre politisch rechtlose Lage geboten wurde. So hatten sich genug Konfliktsstoffe angehäuft, die sich bald in einem allgemeinen Aufstande entluden. 1868 begann er im Ostteil der Insel und konnte erst nach zehnjährigem, unerhört blutigem Kampfe von den spanischen Truppen niedergeschlagen werden. Es ist selbstverständlich, daß die Sympathien in den Vereinigten Staaten durchaus den Aufständischen zugute kamen; wieder wurden allenthalben, besonders in Key West, der natürlichen Riffestung im äußersten Süden, Expeditionen ausgerüstet, welche die Rebellen mit allem, was nötig war, versorgten, ohne von den amerikanischen Behörden im mindesten gehindert zu werden. Die Erinnerung an die eben abgewendete Einmischung Europas in Mexiko rief den Wunsch wach, ähnliche Vorgänge auf den Antillen ein für allemal zu verhindern. Für den Handel der Union nach Cuba, der beständig wuchs, machten sich die Störungen im Verkehr mit der Insel unheilvoll bemerkbar. Jetzt konnte man vielleicht Gelegenheit finden, eine Beseitigung der hohen cubanischen Ausfuhrzölle auf Zucker zu erreichen, sei es durch Mittel diplomatischen Drucks, sei es durch eine Annexion

Aber dieser waren die Staatsmänner in Washington zur Zeit nicht mehr so geneigt, da man einer Stärkung des eben bezwungenen Südens mit allen Mitteln entgegenarbeitete. Man versprach sich von dem Zuwachs von unzufriedenen Kreolen und Negern nichts Gutes. Es begann sich der Gedanke mehr und mehr zu verbreiten, der von nun an zu dem neuen Programm der amerikanischen Expansion im westindischen Mittelmeer geworden ist; das Programm nämlich der indirekten Beherrschung der westindischen Besitzungen durch wirtschaftliche Vorherrschaft, solange, bis sich eine Gelegenheit bot, sie unabhängig zu machen oder den Vereinigten Staaten einzuverleiben. 1869 bot der Staatssekretär Sickles Spanien die guten Dienste der Vereinigten Staaten zur Beruhigung Cubas an. Der Vorschlag lief darauf hinaus, Spanien solle gegen die Zahlung einer gewissen Summe, welche die Vereinigten Staaten garantiren würden, der Insel die Unabhängigkeit geben. Als Spanien dieses abschlug, ließ man die Sache auf sich beruhen und wartete, wie sich die Dinge weiter entwickeln würden. Im Verlauf des Aufstandes kam es dauernd zu schweren Reibereien mit Spanien, da die Union auch aus ihren offiziellen Sympathien für die Rebellen kein Hehl mehr machte. 1869 beschlagnahmten die amerikanischen Behörden Kanonenboote, die für Spanien in New Orleans in Bau waren; 1873 kam es zum sogenannten Virginius-Konflikt, in dem die Spanier das gleichnamige Schiff wegnahmen und mehrere Abenteurer, die sich auf dem Wege nach Cuba befanden, um den Rebellen zu helfen, erschossen. Als sich herausstellte, daß amerikanische Staatsbürger darunter waren, drohte der Krieg. Wenn es diesmal noch nicht dazu kam, so hatte dies zwei Gründe: England und Frankreich teilten nämlich Amerika mit, daß sie an einer Aufrechterhaltung der spanischen Herrschaft in Cuba interessiert seien; dann war aber auch der damalige Piäsident, General Grant nicht geneigt, Cubas wegen einen Krieg zu wagen, obwohl auch er überzeugt war, daß nur die Gewährung der Unabhängigkeit das Verhältnis beider Mächte dauernd sicher stellen und der Insel ein gesundes politisches und wirtschaftliches Leben sichern könnte.[1]) Vor allem aber glaubte er, die Stellung der Vereinigten Staaten im westindischen Mittelmeer erst durch die Erwerbung San Domingos

[1]) Mc Kinley, Island Possessions. S. 7.

genügend sichern zu müssen, ehe er weitere Schritte unternahm. So wurden 1878 die Differenzen zwischen beiden Staaten friedlich geregelt, und die alte wirtschaftliche Verbindung wieder aufgenommen. Um den Verkehr mit den Antillen, besonders mit Cuba zu heben, waren schon 1865 die Tonnengelder für Schiffe, die aus westindischen Gewässern in amerikanischen Häfen einliefen, ermäßigt, indem sie diesen Zoll nur einmal im Jahre zu bezahlen brauchten; seit 1884 betrug der Flaggenzoll, den fremde Schiffe zu bezahlen hatten, im allgemeinen 6 c. für die Tonne, für die aus Westindien kommenden nur 3 c. Allerdings hatte die Vernichtung der amerikanischen Schiffahrt im Sezessionskriege auch den Handelsbeziehungen zu Cuba schwer geschadet. Der Handel der Union mit Cuba und Portorico betrug in Tausenden Dollar:

	Einfuhr	Ausfuhr
1872/73	99,468	21,861
1874/75	80,639	18,144
1893/94	78,814	22,561
1894/95	54,378	14,353

Also trotz des großen Zuckerimportes kein Wachsen. Ja, von 1873—1882 sank die Zuckerausfuhr Cubas fast um 90 %! Seit 1878 hörten nämlich die Unruhen überhaupt nicht wieder auf. Ende der siebziger Jahre betrug die Schuld Cubas auf den Kopf der Bevölkerung nicht weniger als 283 Dollars, größer als die Zahl bei irgend einer europäischen Großmacht war; dazu verschlechterte die 1870 erfolgte Aufhebung der Sklaverei die wirtschaftliche Lage noch weiter. Erst 1884 gestand Spanien eine Ermäßigung der hohen Ausfuhrzölle zu, um hierdurch wieder einige Sympathien zu gewinnen. Dies gelang ihm hierdurch ebenso wenig, wie durch die Verhandlungen, die es über die Besserstellung der cubanischen Waren, besonders des Zuckers, in den Vereinigten Staaten gegen die Erleichterung der Einfuhr amerikanischer Industrie-Erzeugnisse nach Cuba anknüpfte. (1885) Anfang der neunziger Jahre schienen sich durch die Einführung besserer Maschinen die Aussichten der cubanischen Zuckererzeugung wieder zu heben, als der Mc. Kinley Tarif die Einfuhr des Zuckers nach dem Hauptabsatzgebiet, den Vereinigten Staaten, durch eine exorbitante Höhe der Zolleinfuhrsätze, die einer Ausschließung fremden Zuckers gleichkam, die cubanische Wirtschaft zu vernichten drohte. Auf das ständige Drängen der beteiligten Kreise begann Spanien 1891 aufs neue mit der Union zu verhandeln und erreichte auch Erleichterungen für den cubanischen Zucker, allerdings nur gegen die Zusage, den Vereinigten Staaten Vorzugszölle gegen alle europäischen Waren einzuräumen. Wohl hatte dies zunächst den Erfolg, daß eine Zeit lang Freibeuterexpeditionen unterblieben, aber zu klar war den Cubanern jetzt geworden, daß Spanien auf Cuba völlig von der Gnade der Vereinigten Staaten abhängig war. Mit jedem Jahre strömte mehr amerikanisches Kapital auf die Insel, immer lauter murrten die Kreolen über das Mutterland und blickten mit Sehnsucht auf das reiche Absatzgebiet jenseits der Floridastraße. Spanien beging unbegreiflicherweise jetzt den großen Fehler, die Zuckereinfuhr ins eigene Land zu erschweren, um der kastilischen Rübenzucker-Industrie zu helfen. Erst recht war die Errichtung des amerikanischen Zuckertrustes von weitreichendem Einfluß auf das fernere Geschick Cubas, da dieser eine Kontrolle über die Zuckererzeugung der Insel um jeden Preis in seine Hand bringen wollte, und seine Leiter der republikanischen Partei nicht fernstanden.

Portorico.

Diese außerordentlich fruchtbare und dicht bevölkerte Insel hatte stark unter der spanischen Herrschaft, die immer neues Geld durch Zölle und Steuern aus dem Lande herausholte, zu leiden. Infolge der guten Kaffeepreise — rund 40—50 Prozent der Ausfuhr bestand aus diesem Produkt — wie sie im neunzehnten Jahrhundert vorherrschend waren, blieb die Insel von größeren Unruhen verschont. Ihre besondere Wichtigkeit liegt in der sehr günstigen strategischen Lage. Zwischen den großen und kleinen Antillen an den Schiffahrtsstraßen New York—Südamerika und Europa—Mittelamerika gelegen und mit leidlichen Häfen ausgestattet, ist sie, da sie auch genügend Lebensmittel hervorbringt, die natürliche Inselfestung zur Beherrschung des Ostteiles des westindischen Mittelmeeres. Es war beinahe selbstverständlich, daß mit Cuba auch diese Insel von den Amerikanern zu ihrem späteren Eigentum gerechnet wurde. Besonders solange ihnen die Erwerbung von St. Thomas nicht geglückt war, erschien der Besitz von Portorico wichtig für die Beherrschung der kleinen dänisch-westindischen

Inseln, von denen ja St. Thomas das ganze 18. und die erste Hälfte des 19. Jahrhunderts hindurch die Rolle des Hauptstapelplatzes in der Karibischen See gespielt hat. Nur der Grund, daß die Hauptmenge des Kaffees ihren Hauptabsatz in Europa fand und man glaubte, in den Vereinigten Staaten, die fast ausschließlich Brasilkaffee verbrauchten, nicht genügenden Absatz zu finden, dämpfte die Sympathien für die Union etwas; wie denn auch die Handelskreise der Insel den Handelsvertrag von 1891 mit unverhohlenem Mißvergnügen empfingen.

San Domingo.

Erst spät hatte Frankreich endgültig auf seinen früheren Besitz verzichtet und immer gehofft, ihn wiedererwerben zu können. Nach ihrer Loslösung von Europa hatte 1822—1843 die ganze Insel Haiti eine Republik unter dem gleichen Namen gebildet, die den französischen westlichen und spanischen östlichen Teil miteinander vereinigte. Im Jahre 1843 waren in dem letzteren Aufstände ausgebrochen, San Domingo hatte sich selbständig erklärt und den Kampf mit Haiti begonnen. Neben den verschiedenen Kulturren, aus denen sich die beiden Republiken entwickelt haben, war es besonders der Gegensatz zwischen den Negern Haitis und den Mulatten San Domingos, welcher unaufhörliche Kämpfe und zuletzt auch den äußeren Bruch herbeiführte. Bei der rücksichtslosen Grausamkeit beider Teile ging es mit Handel und Wandel reißend schnell bergab und von der früheren Blüte, die die Insel zur wertvollsten unter den ganzen Antillen gemacht hatte, war bald nichts mehr zu spüren. Das Handelsinteresse der Vereinigten Staaten war hier nicht groß; wiesen auch die Handelsziffern dauernd höhere Zahlen auf, so stockte doch sowohl die Einfuhr von Lebensmitteln, ebenso wie die von Industrieprodukten, ohnedies bei der Bedürfnislosigkeit der Schwarzen kein Wunder. Auch die Ausfuhr der Insel ging zum überwiegenden Teile nach Europa. Nur die Ausbeutung der wertvollen Farbholzbestände wurde von amerikanischen Schiffen aus betrieben. Politische und militärische Erwägungen waren es, welche die Vereinigten Staaten veranlaßten, dieser Insel ihr Augenmerk zuzuwenden.

Die Beziehungen zwischen Frankreich und der Union waren bis 1831, wo sich ersteres Land endlich zur Zahlung der Entschädigungssummen aus dem napoleonischen Kriege bereit erklärte, ein recht gespanntes, aber auch späterhin bleibt die Rivalität Frankreichs und der Union auf Haiti unverkennbar. Der Zusammenhang der Insel mit Frankreich war nie ganz zerrissen; in der grausigen Not dieser Tage erinnerten sich die Schwarzen der Ruhe und Ordnung, die bis zu den Revolutionstagen auf der Insel geherrscht hatten. 1844 ersuchte der General Santana, der Führer der dominikanischen Unabhängigkeitspartei, Frankreich um ein Einschreiten; als dies ablehnte, wurde 1845 der gleiche Wunsch an Spanien gerichtet. Jedoch gelang es England, das auch hier einzugreifen beabsichtigte, weitere Versuche dieser Art vorläufig zu hintertreiben. All diese Vorgänge verfolgte man mit Argwohn in den Vereinigten Staaten. Wäre es doch die krasseste Verletzung des in der Form der Monroe-Doktrin niedergelegten politischen Glaubensbekenntnisses gewesen, wenn ein unabhängiger Staat der neuen Welt wieder in das alte Kolonialverhältnis zurückgekehrt wäre! Schon 1845 setzte sich deshalb der Staatssekretär Calhoun mit dem spanischen Gesandten Caldéron de la Barca in Verbindung und machte ihm den Vorschlag, beide Mächte sollten die Unabhängigkeit San Domingos und Haitis noch einmal ausdrücklich anerkennen; er fügte die versteckte Drohung hinzu, daß dies geschehe, „afin de ne pas s'éveiller l'esprit de l'indépendance dans les autres colonies espagnoles des Antilles ce que arriverait infalliblement si la lutte se prolongeait entre les haitiens et dominécains,"[1]) was natürlich nur auf die aktive Begünstigung dieser Bewegungen durch die Vereinigten Staaten hindeutete. Spanien lehnte diesen Vorschlag natürlich ab. Als die Kämpfe aufs neue entbrannten, wandte sich Santana wieder an Frankreich und nun auch an England, jedoch ohne Erfolg. Nachdem dies wiederum fehlgeschlagen war, — das Risiko des Abenteuers erschien beiden Mächten wohl zu groß — wandte er sich an die Vereinigten Staaten; wurden auch seine Wünsche auf ein sofortiges Eingreifen vom Präsidenten Polk abgelehnt, so entsandte man doch ein amerikanisches Geschwader in die dominikanischen Gewässer mit dem besonderen Auftrag, die Bucht von Samaná auf ihre Brauchbarkeit zu untersuchen. (1853). Samaná, im Nordosten der dominikanischen Republik gelegen, ist eine Landzunge, 85 km lang und 10—14 km breit, mit einem Flächenraum von etwa 1000 Quadrat-

[1]) St. Méraut, Samana et les projects de cession.

kilometern; die zwischen ihr und dem Festlande gelegene Bucht wird durch gewaltige Riffe bis auf eine schmale Fahrrinne vom Meere abgeschlossen und von der kleinen Insel Cavenero aus wird diese Fahrstraße und die ganze Bucht beherrscht. Der Hafen selbst ist geräumig genug, einer ganzen Flotte Platz zu bieten, ein bei der Gefährlichkeit und Armut an guten Reeden in westindischen Gewässern nicht zu unterschätzender Vorteil. So entstand in den amerikanischen Marinekreisen der Wunsch, hier einen Flottenstützpunkt anzulegen, um Cuba und Portorico auch von Osten her nahe zu sein und überhaupt eine Kontrolle über die Zufahrtsstraßen nach Europa ausüben zu können. Noch im gleichen Jahre wurde das Vorhaben in die Tat umgesetzt und ein amerikanischer Agent bot der dominikanischen Republik eine Million Dollar für Überlassung Samanás als Flottenstützpunkt und Kohlenstation.[1]) Sobald dies Vorgehen der Vereinigten Staaten in London bekannt wurde, ergriff England Gegenmaßregeln. Nachdem schon sein Vertreter in aller Form gegen diese Überlassung protestiert hatte, erschien alsbald eine starke englische Flottenabteilung vor San Domingo; es kam zu Reibereien mit den Amerikanern, wobei sogar Schüsse gewechselt sein sollen. Santana glaubte sich jedoch für seine Bereitwilligkeit, auf die amerikanischen Wünsche einzugehen, nicht genügend unterstützt, knüpfte 1855 wieder Verhandlungen mit Spanien an und stellte 1861 in Madrid den offiziellen Antrag, die dominikanische Republik wieder zum Teil des spanischen Staates zu machen. Jetzt gab dieses nach und durch einen Staatsstreich, der von dem Präsidenten selbst ausging, wurde das Land am 18. März 1861 wieder zur spanischen Kolonie erklärt. Der Zeitpunkt war günstig gewählt: durch seine Beteiligung an dem Vorgehen gegen Mexiko hatte sich Spanien das Wohlwollen der Westmächte gesichert und der in der Union tobende Bürgerkrieg verurteilte die Vereinigten Staaten, die sich mit formellen Protest begnügten, augenblicklich zur Ohnmacht. Es gelang den neuen Herren nicht, Ruhe und Ordnung auf der Insel herzustellen, da die spanischen Truppen der im Guerillakrieg kämpfenden Unabhängigkeitsanhänger nicht Herr zu werden vermochten. Als die finanziellen Lasten dieses Abenteuers, die Cuba und Portorico tragen mußten, allmählich ins Ungeheure stiegen

---

[1]) Schon Napoleon I. hatte daran gedacht, die Bucht von Samaná zu einem erstklassigen Kriegshafen auszubauen.

und unerträglich wurden, auch die erhoffte dauernde Schwächung der Union durch den inneren Krieg nicht eintrat und Napoleon III. Mexiko räumte, wurde die spanische Stellung unhaltbar. Nachdem Santana gestorben war, hob Spanien die Annexion 1865 wieder auf und räumte die Insel. Für die Vereinigten Staaten war die Wichtigkeit der Erwerbung Samanás bedeutend gestiegen. Der eben beendete Sezessionskrieg hatte die Gefahren, welche der Union durch die Beherrschung des westindischen Mittelmeeres von Seiten einer fremden Macht drohten, in hellstem Lichte gezeigt, indem nämlich die südstaatlichen Kaperschiffe in den fremden Antillen reiche Unterstützung gefunden hatten; die Beherrschung der Zufahrtsstraßen zum zukünftigen interozeanischen Kanal machte die Erwerbung dieses neuen Stützpunktes ebenso ratsam, wie die Überlegung, daß ein militärisches Eingreifen der Union auf Cuba und Portorico, zwischen denen Haiti liegt, nur noch eine Frage der Zeit sei. 1867 wurden deshalb Verbindungen mit der wieder selbständigen dominikanischen Republik angeknüpft und, besonders auf Betreiben Sewards, kam ein Schiffahrts- und Freundschaftsvertrag zu Stande, dem bald ein solcher über die Abtretung Samanás folgte. Die dominikanische Republik sollte danach gegen eine jährliche Pachtzahlung von einer Million Dollars die Bai als Kohlenstation für 100 Jahre den Vereinigten Staaten überlassen, wobei ihr das für die ersten fünf Jahre zahlbare Geld in bar zu beliebigen Zwecken zur Verfügung gestellt werden sollte; was mit dem übrigen Gelde werden würde, wurde späterer Vereinbarung überlassen. Ehe noch der Kongreß sich hatte äußern können, wurde am 2. Dezember 1869 die Ratifikation ausgetauscht und am gleichen Tage das Sternenbanner auf der Insel Cavenero, dem Schlüssel zur Bai von Samaná, von gelandeten amerikanischen Marinesoldaten gehißt. Sofort wurde mit dem Bau von Hafenanlagen und -Befestigungen begonnen und im Februar 1870 ein amerikanisches Geschwader dauernd hier stationiert. Der bald darauf in Europa ausbrechende deutsch-französische Krieg und der cubanische Aufstand beanspruchte so sehr die Aufmerksamkeit der Kolonialmächte, daß diese nicht einmal Einspruch erhoben.

Die Pläne des Präsidenten Grant, der seit 1869 diese Würde begleitete, gingen jedoch viel weiter. Noch im gleichen Jahre hatte er seinen Vertrauten, General Babcock, nach San Domingo geschickt, um über eine Annexion der Republik durch die Vereinigten Staaten zu verhandeln; dieser hatte auch mit dem Präsidenten Baëz einen vorläufigen Vertrag zustande gebracht und bereits hatte sich eine Volksabstimmung für diese zukünftige Gestaltung des Landes entschieden. Grant beabsichtigte, im großen Maßstabe die Insel mit ehemaligen Sklaven aus der Union zu besiedeln und so den Schwarzen, ähnlich wie man es einst in Liberia versucht hatte, ihre ursprünglichen Lebensbedingungen wieder zu geben, auf diese Weise die unliebsamen Elemente aus dem nordamerikanischen Festland zu entfernen und sie doch noch für eine Erweiterung der Macht der Vereinigten Staaten im Süden zu verwenden. Mit diesen Absichten stieß er jedoch bei einem großen Teil seiner republikanischen Parteifreunde auf großen Widerstand. Die alte Anschauung, daß sich Expansion in den Tropen, die vielleicht zu kriegerischen Verwicklungen mit Europa führen konnte, nicht mit der Verfassung der Vereinigten Staaten vertrüge, hatte noch manchen Anhänger. Vor allem aber die Eigenmächtigkeit, mit der Grant, wie groß auch seine Beliebtheit in allen Volkskreisen sein mochte, bei dem Abschlusse dieses Vertrages vorgegangen war, machten das ganze Unternehmen bei Freund und Feind wenig beliebt. Besonders Karl Schurz wurde die Seele des Widerstandes: zusammen mit Sumner, dem Vorsitzenden des auswärtigen Ausschusses im Senat, wurde er nicht müde, die Pläne des Präsidenten zu bekämpfen und am 29. Juni 1870 wurde dei Antrag, der Annexion der dominikanischen Republik seine Zustimmung zu geben, abgelehnt, indem er nicht die genügende Zweidrittelmehrheit im Senat fand. Zwar wurde mit Genehmigung des Kongresses noch eine Abordnung nach San Domingo entsandt um die dortigen Verhältnisse zu untersuchen. Zu ihr gehörte Frederic Douglas, der bedeutende Afro-Amerikaner, der sich anfangs sehr für den Gedanken des Präsidenten, die Schwarzen hier anzusiedeln, verwandt hatte. Der Bericht dieser Kommission lautete denn auch recht günstig. Aber unermüdlich war Schurz tätig, und am 11. Januar 1871 hielt er seine berühmteste Rede im Senat, in der er unter Hinweis auf die Italienzüge der deutschen Kaiser und die mißglückten spanisch-französischen Expeditionen nach Haiti und San Domingo mit den Worten schloß: „In der Umarmung der lieblichen Zauberin des Südens hat, sozusagen, das Deutsche Reich seine Manneskraft verloren! . . . So wird es auch uns gehen . . . Hüten Sie sich vor den Tropen!" . . . Der Präsident Grant sah ein, daß sein Spiel verloren sei und war klug genug, sein Ziel, wenn auch schweren Herzens, aufzugeben. Der Vertrag wurde rückgängig gemacht und am 21. November 1871 wurde die amerikanische Flagge in Samaná wieder heruntergeholt. Das Volk in den Vereinigten Staaten hatte sich für die weitausschauenden Pläne seines Präsidenten noch nicht reif gezeigt; im Herzen der Bürger war eine genügend tragfähige Basis für imperialistische Bestrebungen noch nicht vorhanden. Daneben hatte auch der Mangel an wirtschaftlichen Interessen dazu beigetragen, daß das Projekt wenig populär wurde. Niemand dachte daran, vorläufig diesen Versuch wieder aufzunehmen, und erst, als zu Beginn des zwanzigsten Jahrhunderts auch das amerikanische Kapital lebendiges Interesse an den Zuständen der Inseln genommen hatte, wurde die Expansion hier wieder aufgenommen.

Haiti.

Zu Beginn der neunziger Jahre, als das Kanalprojekt zur Tatsache zu werden schien, haben die Vereinigten Staaten, durch Blaine, der unermüdlich für den panamerikanischen Gedanken arbeitete, veranlaßt, in Haiti Fuß zu fassen versucht; ein amerikanisches Geschwader besuchte Môle St. Nicolas, an der Westküste der Insel gegenüber Santiago de Cuba gelegen und knüpfte mit der Republik Haiti Verhandlungen an, über die Abtretung dieses Gebietes an die Vereinigten Staaten, die dort eine Kohlenstation errichten wollten. (1890). Jedoch der damalige Minister des Auswärtigen in Haiti, Firmin, wollte davon nichts hören, da ihm große Pläne über die Errichtung eines Antillenbundes unter romanischer Führung vorschwebten. Schon auf der panamerikanischen Konferenz 1889 arbeitete er mit allen Mitteln dagegen, und als Blaine zurücktrat, schlief auch dieser Plan wieder ein. Der Handel Haitis und der dominikanischen Republik mit den Vereinigten Staaten war recht gering; er betrug:

	Einfuhr nach der Union	Ausfuhr aus der Union
1872/72	2,260	4,854
1893/94	4,014	7,058

in Tausenden Dollars. Langsam wuchs die Einfuhr von Lebensmitteln und Industrie-Erzeugnissen aus den Vereinigten Staaten nach San Domingo, während die Ausfuhr von Kolonialwaren, hauptsächlich Kakao, vorwiegend nach Europa, besonders nach Frankreich ging.

St. Thomas.

Der Umstand, daß die Schiffe der Konföderierten im Sezessionskriege auf den spanischen und anderen europäischen Antillen Zuflucht und Vorratsergänzung gefunden hatten, ließ für die amerikanischen Marinekreise, deren Einfluß auf Grant wir schon in der San Domingo-Angelegenheit kennen gelernt haben, den Erwerb der drei kleinen dänischen Inseln St. Croix, St. John und St. Thomas wünschenswert erscheinen. Der große Umschlagplatz Charlotte Amalia, zugleich Hauptstadt und bester Hafen der letztgenannten Insel, wies überaus regen Schiffsverkehr auf, da von ganz Westindien die Erzeugnisse hier umgeladen werden. In den Zeiten der Revolutionskriege hatten es die Dänen verstanden, den Verkehr weiter auszubauen und, nachdem der Hafen am Anfang des neunzehnten Jahrhunderts zum Freihafen erklärt war — auch die Zuckerproduktion der Inseln hatte sich gehoben — erschien dieser Besitz als begehrenswerter Stützpunkt für die Vereinigten Staaten. St. Thomas liegt direkt an der Verkehrslinie New York-Südamerika; es beherrscht daneben die Zufahrtsstraßen zwischen den kleinen Antillen nach Zentralamerika und war ein Gegengewicht gegen das spanische Portorico. 800 Meter hohe Berge , welche die Bucht von Charlotte Amalia beherrschen, erleichtern die Anlage größerer Befestigungsanlagen. In einem Konflikt mit Spanien war St. Thomas für die Vereinigten Staaten von der größten Wichtigkeit. Schon während des Sezessionskrieges hatte man Verhandlungen mit Dänemark begonnen. Damals hatte sich der amerikanische Admiral Porten über den Wert der Insel wie folgt geäußert: „St. Thomas is a central point from which any or all of the West Indian islands can be assailed, while it is impervious to attack from landing parties and can be fortified to any extent. St. Thomas is a small Gibraltar of itself and could only be attacked by a naval force.[1]) Auch hier wieder betrieb Seward als Staatssekretär leidenschaftlich die Erwerbung der Inseln: 1865 bot er der dänischen.

[1]) Bancroft, Life of Seward. S. 480.

Regierung 5 Millionen Dollars Gold für die Überlassung des Besitzes. Doch da erhob sich eine unvorhergesehene Schwierigkeit. St. Croix nämlich hatte Ludwig XIV. einst den Maltesern eingeräumt, und diese hatten es 1733 an Dänemark weiterverkauft, jedoch mit der ausdrücklichen Bedingung, daß dieser Staat es nur mit Genehmigung Frankreichs in Zukunft weiter veräußern dürfe. Sobald nun Napoleon III. von den Verhandlungen erfuhr, ließ er sofort in Kopenhagen mitteilen, daß er seine Zustimmung unter keinen Umständen geben würde. Im Mai 1867 kam infolgedessen Dänemark mit einem neuen Vorschlag; nur St. Thomas und St. John sollten für 10 Millionen Dollars an die Vereinigten Staaten abgetreten werden, ein Preis, den Seward auf 3,75 Millionen Dollars für jede von beiden herabdrückte. Im Oktober desselben Jahres kam auch ein diesbezüglicher Vertrag in Kopenhagen zustande, in dem beide Inseln für 7,5 Millionen Dollar in amerikanischen Besitz übergehen sollten; jedoch nicht ohne vorherige Befragung der Einwohner. Trotzdem sich Seward schon auf einer Reise, die er 1865 selbst nach St. Thomas und San Domingo unternommen hatte, über die dem Besitzwechsel günstige Stimmung der Insulaner im Klaren war, wollte er sich doch hierauf auf keinen Fall einlassen. Diese seine Haltung ist ihm von seinen eigenen Landsleuten heftig zum Vorwurf gemacht worden. Erinnern wir uns aber, daß weder in Florida noch in Louisiana eine Befragung der Bevölkerung stattgefunden hatte, daß es sich ferner hier um die Erwerbung eines Flottenstützpunktes auf einer dünnbevölkerten Insel handelte, so wird man für Seward vielleicht Rechtfertigungsgründe finden können. Eigenartig berührt es aber, daß dieser Mann, dem immer ein Panamerika unter Führung der Vereinigten Staaten vorschwebte, so wenig von einem Mitbestimmungsrecht der zukünftigen Glieder dieses Reiches wissen wollte. *Hier hatte wieder einmal die amerikanische Anschauung, daß die gewaltsame Einverleibung neuer Gebiete in die Vereinigten Staaten die größte Wohltat für ihre Bewohner sei, über den Geist Washingtons, der den freien Willen des einzelnen über alles respektiert wissen wollte, den Sieg davongetragen.* Trotzdem ließ die dänische Regierung eine Abstimmung veranstalten, in der sich 1240 Stimmen für und nur 22 gegen die Annexion aussprachen. Aber auch in diesem Falle war der amerikanische Senat nicht geneigt, neuen Erweiterungen der Machtsphäre der Vereinigten Staaten zuzustimmen. Sumner, der heftige Gegner Sewards wie des damaligen Präsidenten Johnson, hintertrieb mit allen Mitteln die Ratifizierung des Vertrages, der in Dänemark schon 1868 durch die Volksvertretung erfolgt war; wie ihm im Senat, so gelang es auch Washburn im Repräsentantenhaus die diesbezüglichen Anträge zu Fall zu bringen. Die großen Ausgaben, die man schon durch den Ankauf Alaskas gehabt hatte, führten mit der alten Abneigung der Republikaner gegen südliche Expansion zu dem Aufgeben dieser Projekte, wobei innerpolitische Fragen, die ja auch bei der San Domingo-Sache mitsprachen, eine Rolle spielten. Nachdem bis April 1870 Dänemark noch auf eine Sinnesänderung der Vereinigten Staaten gewartet hatte, und den Vertrag hatte weiterlaufen lassen, wurden die Verhandlungen an diesem Zeitpunkt abgebrochen und der Vertrag erlosch. Etwa 20 Jahre später, 1892, versuchte Dänemark noch einmal den unvorteilhaften Besitz loszuwerden; jedoch war der Demokrat Cleveland jeder derartigen Anregung unzugänglich. Erst als nun Dänemark auch andere Käufer in Betracht zog, erwachte die Eifersucht in der Union und man begann, sich in Washington wieder für die Angelegenheit zu interessieren.

Kapitel IV.
Die Zeit der Vorherrschaft der Vereinigten Staaten (von 1898 bis zur Gegenwart).

§ 1. Der spanisch-amerikanische Krieg.

Die Bedeutung des Krieges von 1898 für die Entwicklung der Vereinigten Staaten kann gar nicht überschätzt werden. Von wie kurzer Dauer er auch war, und wie belanglos die militärischen Operationen besonders uns erscheinen, so darf man darüber nicht vergessen, daß er es gewesen ist, der erst die breiten Volksschichten für eine großzügige, imperialistische Politik, welche durchzuführen man kein Mittel scheuen dürfe, gewonnen hat. Der Krieg ist der Vormachtstellung in Westindien wegen begonnen, ist zum größten entscheidenden Teile hier ausgefochten und hat der Union ebenda die reichste Beute, nämlich die Alleinherrschaft in den westindischen Gewässern, ja in ganz Mittelamerika gebracht. Man darf nicht aus den Augen verlieren, daß die Wegnahme Cubas und Portoricos weit mehr bedeutete, als eine Fortführung der althergebrachten Expansionspolitik mit den Waffen der Macht. Zu dem äußeren Anlaß, dem Konflikt mit Spanien, traten gebieterische Forderungen, die sich aus der inneren Entwicklung der Vereinigten Staaten während der letzten zwanzig Jahre ergaben. Vergegenwärtigen wir uns, daß der gewaltige Tätigkeitsdrang der Yankees, die nur in den großzügigsten Verhältnissen zu arbeiten gewohnt waren, in dem eigenen, wenn auch noch lange nicht ausgeschöpften Vaterland, nicht mehr genug Arbeitsmöglichkeiten zu haben glaubte. Und ähnlich wie den einzelnen Menschen, so ging es auch ihrem aufgespeicherten Arbeitsverdienst, dem Kapital . Beide suchten, um der kommenden Enge zu entfliehen, neue Unternehmungsgebiete, um in demselben Maße arbeiten zu können, wie ihnen das bisher in ihrem Vaterlande geglückt war. Zu den früheren Motiven, nämlich dem der gefühlsmäßigen Befreiung der früher spanischen Besitzungen und den politisch strategischen Erwägungen der Abrundung und Sicherung des eigenen Staatsgebietes, trat somit die bewußte Absicht, sich in Westindien von der Union abhängige Wirtschaftsprovinzen zu schaffen, um so die frühere Betätigung in möglichst großen Ausmaßen fortsetzen zu können.

Es entstand der Gedanke der wirtschaftlichen Durchdringung. Anstatt mit den Waffen der Macht allein, wurde die Expansion mit Hilfe der Industrie und Finanzen zum besonderen Werkzeug für das Vordringen in schwächeren Ländern. Daß man dabei in erster Linie auf die fremden Kolonien, die alte Sehnsucht des amerikanischen Volkes, zurückgriff, war kein Wunder. Der Unternehmungsgeist des Amerikaners brannte darauf, nach Art der Conquistadoren neue Teile der neuen Welt dem Sternenbanner zu unterwerfen. Aber erst dadurch, daß die amerikanische Industrie, welcher die hohen Schutzzölle zu höchster Blüte verholfen hatten, ebenfalls darauf drängte, neue Absatzfelder zu finden, erhielten diese Wünsche auch eine feste materielle Basis. Ganz im Gegensatz zu ihrer früheren Haltung, unterstützte jetzt auch die der Industrie nahestehende republikanische Partei diese Gedanken. Geradezu geschaffen, sie auszuführen, waren die sich bildenden Trusts, welche ihrem Vaterlande auch die geeignete Organisation, natürlich nicht uneigennützig, zur Verfügung stellten. Dazu kam, daß der panamerikanische Gedanke, der ja hinter seinem geistigen Aushängeschild viel ähnliche, sehr praktische Bestandteile in sich birgt — ein geschlossenes Panamerika als ausschließliches Absatzgebiet für die Vereinigten Staaten — gerade damals seine Wiederauferstehung feierte. Es war die Zeit, in der Cleveland, obwohl er Demokrat war, es bei der Guayana-Grenzfrage fast bis zum Konflikt mit England kommen ließ. Ein für allemal sollte ein Einspruchsrecht Europas in die Angelegenheiten der späteren Glieder Panamerikas abgelehnt werden; Amerika sollte sich daran gewöhnen, die Vereinigten Staaten als Schützer in politischen und Verwalter in wirtschaftlichen Fragen anzusehen. Eine amerikanische Autarkie, die damals bei der noch ungeschwächten Kraft Europas nicht durchgeführt werden konnte, sollte wenigstens durch die Aufrichtung einer Vorherrschaft der Vereinigten Staaten in Mittelamerika so weit gesichert werden, daß von diesem festen Sprungbrett aus der Siegeszug des Imperialismus über den ganzen Erdteil angetreten werden konnte. Nur so ist die große Begeisterung und unbedingte Zustimmung des ganzen Volkes bei dem Eingreifen der Vereinigten Staaten auf Cuba zu erklären. So elementar war diese Bewegung, daß um 1900 einer der fremden Botschafter in Washington bemerkte: er habe, obgleich erst seit kurzem in Amerika, doch zwei verschiedene Nationen kennen gelernt: die Vereinigten Staaten vor und nach dem spanischen Kriege.[1])

Seit 1895 tobte wieder im Ostteile Cubas ein gewaltiger Kreolenaufstand, mit allen Mitteln von den cubanischen Junten, die besonders in New York unter den geschickten Quesada arbeiteten, unterstützt. Jedoch schon 1896 schien es Spanien glücken zu wollen, durch den kräftigen General Weyler den Aufstand noch einmal zu unterdrücken. Die amerikanischen Kapitalisten, die besonders durch den Zuckertrust an Cuba interessiert waren, litten ebenso sehr wie der ganze Handel, der von 1893 bis 1897 um etwa 70 Prozent sank. 1896 sagte deshalb Cleveland in seiner Jahresbotschaft in Bezug auf Cuba: „When the inability of Spain, to deal successfully with the insurrection has become manifest, and it is demonstrated, that her sovereignity in Cuba is extinct for all purposes of its rightfull existence and when a hopeless struggle for its reestablishement was degenerated into a strife, which means nothing more than be useless sacrifice of human

[1]) Coolidge. Die Vereinigten Staaten als Weltmacht, S. 118.

life and the utter destruction of the very subject matter to the conflict, a situation will be presented, to which our obligations to the sovereignity of Spain will be superseded by higher obligations which we can hardly hesitate to recognise and discharge."[1]) Zugleich teilte Olney als Staatssekretär der spanischen Regierung mit, daß die Union einen zweiten zehnjährigen Aufstand auf keinen Fall dulden würde. Für ein Eingreifen sprachen jetzt viel mehr Gründe, als einst in den sechziger Jahren. Neben den großen wirtschaftlichen Interessen stand mit Cuba auch die Herrschaft über den Panamákanal auf dem Spiel. 1897 kam mit Mac Kinley ein republikanischer Präsident in das Weiße Haus. Die republikanische Partei war an die Stelle der demokratischen als Anhängerin des Expansionsgedankens seit dem Sezessionskrieg getreten; die diesem Programm abgeneigte Minderheit in ihren Reihen hatte mehr und mehr an Anhängern verloren. Der neue Präsident forderte, unterstützt von der gesamten Presse, zunächst zweierlei von Spanien: einmal, um die berühmte Humanität zu beweisen, die Abschaffung der Konzentrationslager, in welche Weyler die verdächtige Bevölkerung Cubas gebracht hatte und dann, ein Zeichen der Macht der wirtschaftlichen Interessen, die sofortige Aufhebung des Tabakausfuhrverbotes, welches Weyler erlassen hatte. Spanien ließ sich auf nichts Bestimmtes ein; im Januar 1898 erschien die „Maine" im Hafen von Havana und mit dem Ablaufen des amerikanischen Ultimatums, auf Cuba sofort Waffenstillstand anzuordnen und der Insel Unabhängigkeit zu gewähren, war der Krieg unausbleiblich. Die Explosion des genannten Kriegsschiffes, die sich bekanntlich nicht durch spanisches Verschulden ereignete, hatte die Gemüter aufs äußerste erregt. Am 19. April beschloß der Kongreß, die Unabhängigkeit Cubas anzuerkennen; am 21. April begann der Krieg. Von den Repräsentantenhausmitgliedern hatten 6, von den Senatsmitgliedern 35 dagegen gestimmt, die letzteren aus Opposition gegen Mac Kinley. Von besonderer Bedeutung war das vom Kongreß angenommene Telleramendent, in dem die Union „hereby disclaims any proposition or intervention to exercise sovereignity, jurisdiction, or control over said islands except for the pacification thereof, and asserts its determination, when that is

---

[1]) Fletcher-Johnson, A Century of Expansion, S. 270 und Congressional Records.

complished, to leave the government and the control of the island to its people . . .[1])

Der nun folgende Krieg brachte den Amerikanern leichte Siege; sie landeten zur Unterstützung des Aufstandes in Ostcuba und vernichteten am 3. Juli 1898 bei Santiago das spanisch-westindische Geschwader; im gleichen Monat wurde diese Insel sowie Portorico besetzt. Trotzdem erschienen die Mängel der militärischen Macht, selbst in einem nahegelegenen Gebiete, in so grellem Lichte, daß allgemein die Überzeugung bestand, nur eine ausreichende Menge von Stützpunkten könne den dort kämpfenden Heeres- und Flottenteilen den nötigen Rückhalt geben. Mußte doch die öffentliche Meinung in den Vereinigten Staaten infolge der mangelnden Verteidigungsfähigkeit des Heimatsgebietes sogar einen Angriff auf die südliche Randküste befürchten, was bei zielbewußter spanischer Führung auch vielleicht Erfolg versprochen hätte. Ebenso dringend bewies die Fahrt der „Oregon", welche, um vom Stillen Ozean den westindischen Kriegsschauplatz zu erreichen, den Weg um Kap Horn nehmen mußte, die unbedingte Notwendigkeit der Beherrschung Mittelamerikas und seines Kanals durch die Vereinigten Staaten. Wie leicht fanden sich diesmal die europäischen Großmächte mit der Verdrängung Spaniens aus seinem alten Besitz ab, obwohl kein anderer Krieg, wie einst 1870, ihre Aufmerksamkeit abzog! Sie begnügten sich damit, kurz vor Ausbruch des Krieges vergeblich ihre guten Dienste anzubieten. In den Jahren von 1850—1898 hatte sich das Geschick des westindischen Mittelmeeres entschieden: es war mehr und mehr zu einer amerikanischen Binnensee geworden. Während früher Westindien als Operationsbasis gegen die neue Welt gedient hatte, erfüllte es nun den gleichen Zweck für die Vereinigten Staaten gegen Südamerika. Die nun folgenden Jahre sollten zeigen, daß durch das kraftvolle Vorgehen der Union wirklich ihrem Handel und ihrer Industrie ebenso wie ihrem Kapital neue, reiche Betätigungsgebiete geschenkt waren. Denn die starke Hand einer Großmacht garantierte jetzt besonders ihren Landsleuten, aber auch den Europäern und Einheimischen die für eine Weiterentwicklung Mittelamerikas dringend nötigen ruhigeren Zustände; diese auszubauen war das Werk der kommenden Jahre. Selbst eine europäische Koalition vermochte in Zukunft

[1]) Mc. Kinley a. a. o. S. 61.

nicht mehr, einen Keil zwischen Nord- und Südamerika zu treiben wenigstens solange, als die Vereinigten Staaten sich nicht in das Schlepptau einer fremden Macht nehmen ließen.

§ 2. Die Vereinigten Staaten in Westindien seit 1898.

Am 10. Dezember 1898 wurde in Paris der Friede zwischen den Vereinigten Staaten und Spanien geschlossen. Schon in den Friedensverhandlungen kam zum Ausdruck, daß sich die Zukunft Cubas und Portoricos nicht gleichmäßig gestalten würde. Es hieß nämlich in Artikel 1: „Spain relinquishes all claim of sovereignity over and title to Cuba. And as the island is, upon its evacuation by Spain, to be occupied by the United States, the U. S. A. will so long as such occupation shall last, assume and discharge the obligations, that may under international law result from the fact of its occupation, for the protection of life and property.[1]) In Artikel 2 jedoch, „Spain cedes to the U. S. A. the island of Portorico and other islands now under Spanish sovereignity in the West Indies." — Während also Portorico der Union bedingungslos überlassen wurde, mußte Spanien in Cuba nur die Unabhängigkeit der Insel anerkennen und durfte sich einer amerikanischen Okkupation nicht widersetzen, wobei die Vereinigten Staaten jedoch ausdrücklich die Rechte von Leben und Eigentum gemäß den internationalen Gesetzen zu schützen versprachen. Dies entsprach nur den tatsächlichen Verhältnissen. Portorico, das man in erster Linie aus militärischen Gründen übernommen hatte, mußte ohne Klauseln in den Besitz der Union kommen; während bei dem weit größeren Cuba auf die Bevölkerung und vor allem auf das komplizierte Wirtschaftsleben, das sich ohne genügende Sicherheiten von seinem Tiefstande nicht erholen konnte und das doch für die Zukunft zum Hauptbetätigungsfelde amerikanischer Unternehmungen werden sollte, Rücksicht zu nehmen war.

Cuba.

Als Cuba durch die General-Ordre 101 vom 18. Juli 1898 von der Union als militärisches Gouvernement übernommen wurde, galt es für die Zukunft, eine Reihe schwerwiegender Fragen zu lösen.

---

[1]) Vergl. die Faksimile Wiedergabe des Friedensvertrages in Mc. Kinley, Island possessions. S. 96 ff.

Erstens die Regelung der staatlichen Stellung der Insel. Dies geschah durch die Einführung einer Verfassung, der das sogenannte Plattamendment als Gesetz angegliedert wurde. Dieses war am 25. Februar 1901 von der amerikanischen Volksvertretung angenommen und bestimmte vor allem Folgendes: der Präsident der Vereinigten Staaten übergibt die Regierung dem cubanischen Volk und seiner, nach nordamerikanischem Vorbild gewählten Volksvertretung. Jedoch muß sich Cuba verpflichten, mit keiner fremden Macht einen Vertrag abzuschließen, der die Unabhängigkeit der Insel gefährden kann und darf keine Schulden aufnehmen, zu deren Tilgung die laufenden Einnahmen nicht ausreichen. In Artikel 7 mußte das Land den Vereinigten Staaten das Recht zugestehen, falls sie es für nötig hielten, Kohlenstationen zu verkaufen, oder zu verpachten. Am wichtigsten war aber Artikel 3, nach dem es den Vereinigten Staaten erlaubt war, bei dem Ausbruch von Unruhen mit allen ihnen tauglich erscheinenden Mitteln einzugreifen, was nichts anderes war, als das Zugeständnis der dauernden Oberhoheit dieser Macht über die Insel. Als die cubanische konstituierende Versammlung diese Verfassung auch ihrerseits angenommen hatte, wurde die Regierung am 20. Mai 1902 dem gewählten Präsidenten Palmas übergeben. Am 22. Mai 1903 wurden dann auch die Buchten von Guantanamo (imelSüdosten der Insel), Bahia Honda (im Nordwesten) und die Insch Isla de Pinas der Union als Flottenstützpunkte eingeräumt. Auch von ihrem Interventionsrecht sahen sich die Vereinigten Staaten bald genötigt, Gebrauch zu machen. Schon 1906 brach ein großer Aufstand aus, der eine militärische Besetzung und Verwaltung der Insel durch die Vereinigten Staaten nach sich zog, die bis 1909 gedauert hat. Auch 1912 wurde ein neuer Aufstandsversuch mit amerikanischer Hilfe niedergehalten, wenn auch diesmal die Regierung in Händen der Cubaner blieb, ebenso 1917.

Die zweite wichtige Aufgabe General Woods, des ersten Gouverneurs, war die Hebung der cubanischen Volkskraft durch nachdrückliche Bekämpfung der schlechten sanitären Verhältnisse, durch Verbesserung des Bildungswesens und durch die Regelung der Einwanderung. Die Bevölkerungszahl der Insel ist, gemessen an ihren reichen Entwicklungsmöglichkeiten und ihrer Fruchtbarkeit in vielen Teilen, noch recht gering. Man schätzt die Zahl der Bewohner, welche hier ihr Brot finden können, auf 16 Millionen; während sie 1915 nur $2^1/_2$ betrug; 1899 waren es gar erst $1^1/_2$.

Die Hauptsorge der neuen Regierung galt jedoch der Bekämpfung der Tropenkrankheiten, vor allem des gelben Fiebers, durch Besserung der Wohnverhältnisse, Asphaltierung der Straßen usw. Seitdem die Entdeckung des diese Krankheit übertragenden Insektes gelungen war, schritt die Sanierung der Insel schnell fort. Die Sterblichkeitsziffer, die noch 1898 63, 3 auf Tausend betrug, wurde bis 1904 auf 14 a. T. heruntergedrückt und auch seitdem ist sie ständig heruntergegangen; im gleichen Jahre war auch zum ersten Male seit Jahrzehnten kein Gelbfieberfall auf der Insel festzustellen. Das Problem der besseren Bildung der Einwohner wurde ebenfalls sofort in die Hand genommen, da sich ja von diesem Mittel die Union einen großen Einfluß auf die Hebung schwächerer Völker verspricht, indem sie sich ganz richtig sagt, daß mit der Kenntnis der englischen Sprache dem Vordringen des amerikanischen Handels Pionierdienste geleistet werden. Bei Übernahme der Verwaltung konnten gerade 36 Prozent der Bevölkerung lesen und schreiben! Ein geregeltes Schulwesen, von Dorfschulen in der kleinsten Niederlassung bis zum Ausbau einer Universität in Havana brachten den Vereinigten Staaten für diese fortschrittlichen Bemühungen reichen Erfolg.

Am drängendsten aber war die Frage der Heranschaffung neuer Arbeitskräfte, welche für den Wiederaufbau der cubanischen Wirtschaft unbedingt in befriedigender Weise geregelt werden mußte. Nachdem die strengen amerikanischen Einwanderungsgesetze nur kurze Zeit in Kraft geblieben waren, wurden auch hier energische Maßregeln getroffen. Von vornherein war sich die Regierung der Vereinigten Staaten darüber klar, daß die Chineseneinwanderung, die in den letzten Jahren der spanischen Herrschaft beträchtlich gewachsen war — haben doch viele Chinesen mit den Waffen in der Hand für die cubanische Unabhängigkeit gefochten — aufgehalten werden mußte. Schon 1902 hatte daher die Einfuhr chinesischer Kulis tatsächlich aufgehört. Auch die Zahl der einwandernden Amerikaner war recht gering, da diese nur in führende Stellungen eintraten, aber nicht als Arbeiter tätig sein wollten und vielfach auch nicht konnten. Nach wie vor blieb man also auf die Einwanderung der bedürfnislosen und arbeitsamen Spanier angewiesen; vielleicht war dies ein Grund, warum man der Insel ihre formelle Unabhängigkeit gelassen hatte, da sich die Spanier zu einer Einwanderung in eine amerikanische Kolonie wohl nicht so leicht hätten bereit finden lassen. Die Höhe der Einwanderung ist seitdem der Maßstab für das wirtschaftliche Gedeihen der Insel geworden und es ist auch bis 1914 gelungen, die spanische Einwanderung auf einer Höhe zu halten, die der Arbeiternachfrage der Insel entspricht. Während des Krieges hat man versucht, auch aus Mexico und Portorico Einwanderer heranzuziehen. — Die Hauptarbeit der Union bestand aber in der Umwandlung des cubanischen Wirtschaftslebens und seiner Eingliederung in die amerikanische Autarkie. Eins der Hauptziele bei der Erwerbung der Insel war gewesen, der amerikanischen Industrie neue Absatzmöglichkeiten zu sichern und auch die Ausfuhr möglichst vollständig nach der Union zu leiten und sie so zu gestalten, wie es den dortigen Konsumenten am genehmsten war. Dies geschah vor allem durch den Reziprozitätsvertrag vom 27. Dezember 1903, in dem die cubanischen Artikel bei der Einfuhr in die Vereinigten Staaten 20 % Zollermäßigung erhielten, wofür Cuba seinerseits den amerikanischen Industrie-Erzeugnissen 20—40 % Erleichterung gewähren mußte. Der Erfolg blieb nicht aus: stieg doch beispielsweise die Baumwolleinfuhr aus den Vereinigten Staaten in Kürze um nicht weniger als 87 % natürlich zu Ungunsten Europas. Erst danach begann auch das amerikanische Kapital mehr und mehr den cubanischen Verhältnissen zu vertrauen. Besonders der Zuckertrust — 1913 wurden 70 % des amerikanischen Zuckerbedarfs durch Cuba gedeckt, während des Krieges ein noch höherer Prozentsatz — ging darauf aus, sich eine Kontrolle über die Zuckererzeugung zu sichern; bereits 1904 berechnete man, daß ihr dies bei einem Drittel der Produktion gelungen sei, wenn auch die Fabriken selbst meistens in fremden Händen blieben. Ähnlich steht es mit dem Rohtabak, der auch bis zu Zweidrittel nach amerikanischen Häfen geht und den der Tabaktrust ebenfalls zu seinem Monopol machen will, wenn es ihm auch bisher noch nicht im vollen Umfange gelungen ist.

Eine kurze Übersicht über die Handelsziffern möge dies erläutern.[1])

Die Ausfuhr der Vereinigten Staaten nach Cuba

1901	26 Millionen Dollar
1912	50 Millionen Dollar

[1]) Vergl. auch Tabelle 1 (S. 102).

Die Einfuhr der Vereinigten Staaten aus Cuba

1901 .... 43 Millionen Dollar

1912 .... 120 Millionen Dollar

dagegen

Ausfuhr Spaniens nach Cuba

1901 .... 9,5 Millionen Dollars

1912 .... 9,0 Millionen Dollar

Einfuhr Spaniens aus Cuba

1901 .... 0,7 Millionen Dollar

1912 .... 0,5 Millionen Dollar

wobei der Prozentsatz des amerikanischen Handels allen europäischen Nationen gegenüber beständig wuchs.

Fragen wir uns, ob das Vorgehen der Vereinigten Staaten durch eine wirkliche Verbesserung der Lage der Insel seine innere Rechtfertigung gefunden hat, so müssen wir dies doch wohl bejahen. Die Vereinigten Staaten haben überhaupt erst Cuba zu einem lebensfähigen Gemeinwesen gemacht und wenn es auch noch lange nicht den Stand erreicht hat, den es seiner herrlichen Beschaffenheit nach haben könnte, so liegt es wohl vor allem an den Nachwehen der spanischen Zeit. Die Union ist es allein, welche der Insel Ruhe und Sicherheit garantiert. „Ich kenne keine Maßregel irgend einer andern Regierung gegen ein schwächeres Volk, bei der so tüchtige Arbeit geleistet wäre, wie bei unserm Eingreifen in Cuba"[1]), sagt, mit bekannter Yankeeübertreibung, Roosevelt, unter dessen Oberleitung ein gut Teil dieser Arbeit geschafft ist. Wenn aber behauptet wird, daß dies alles nur aus uneigennütziger Liebe zu dem noch unentwickelten Volke geschehen sei, so ist dies sicher zu weit gegangen. Die Gewährung der Unabhängigkeit geschah wohl vor allem mit aus dem Grunde, weil die Union richtig einsah, daß heutzutage die nur gewaltmäßige Annexion eines Landes zu weiter nichts führt, als zu dauernder Verbitterung der Bevölkerung. Die von ihr gefundene Lösung erlaubt eine militärische Sicherung der Insel als Bollwerk für den Panamákanal, vermied dabei, die andern Republiken Amerikas allzusehr vor den Kopf zu stoßen und befriedigte die Sentimentalität der Amerikaner, die sich nun für einen großmütigen Beschützer der Schwachen halten können. Der Krieg von 1914 hat wohl den europäischen Handel mit Cuba dauernd schwer geschädigt, und noch mehr wie bisher, wird in Zukunft New York

[1]) Roosevelt, Aus meinem Leben, S. 396.

den Zwischenhandel an sich reißen. Während des Krieges sind die wirtschaftlichen Beziehungen Cubas zur Union so eng geworden, wie man es kaum hätte erwarten dürfen. Besonders der Zuckerexport ist um ein vielfaches angeschwollen, wodurch die cubanischen Pflanzer wiederum in Stand gesetzt wurden, unter Mithilfe amerikanischen Kapitals ihre Produktionsmaschinen der Neuzeit anzupassen. Die Revolution Anfang 1917 hat nur geringen Schaden angerichtet, da sie mit amerikanischer Hilfe bald unterdrückt werden konnte.

Portorico.

Ein Schulbeispiel für den engen Zusammenhang zwischen politischer und wirtschaftlicher Expansion bildet die Entwicklung, welche diese Insel seit 1898 genommen hat. Infolge ihrer ungünstigen Lage als Sperrstellung zwischen den großen und kleinen Antillen war an eine Gewährung der Unabhängigkeit nicht zu denken; obwohl gerade die Bevölkerung Portoricos seine Aufnahme als Staat in die Union nur zu gerne gesehen hätte. Vor allem sind es wohl die 38 % Schwarze, denen man die Rechte der amerikanischen Staatsbürger auf keinen Fall einräumen will. Deshalb erhielt die Insel als amerikanische Besitzung 1900 eine Verfassung, welche der der englischen Kronkolonien sehr ähnelt und etwa der Stellung entspricht, welche Elsaß-Lothringen in Deutschland einnimmt; es ist eine Art Reichsland, über welches der Kongreß zu verfügen hat. Seine Bewohner waren bis vor kurzem Untertanen, nicht Bürger der Vereinigten Staaten. Die Ruhe auf der Insel ist seit der Einverleibung nicht gestört worden.

Als Portorico 1898 seinen Besitzer wechselte, war das wichtigste Produkt des Landes der Kaffee, 1896 wurde er im Werte von 13,9 Millionen, Zucker im Werte von 4 Millionen Peso exportiert. 1900 wurde der amerikanische Dingleytarif eingeführt, mit der Bestimmung, daß die aus der Union kommenden Waren nur 15 % des Zolles bezahlen sollten, 1901 wurde Portorico vollständig in das Zollgebiet der Vereinigten Staaten aufgenommen. Dadurch fand eine völlige Umstellung des Wirtschaftslebens statt. Da der brasilianische Kaffee den Markt der Vereinigten Staaten beinahe konkurrenzlos beherrscht und die hohen Tarife den europäischen Handel abschreckten, warfen sich die meisten der früheren Kaffeepflanzer auf die Zuckerproduktion. Da nun die Einfuhr dieser Erzeugnisse nach den Vereinigten Staaten mit den schwersten Prohibitivzöllen belastet war, hatte Portorico, das ja als Inland galt, den größten Vorteil auf dem amerikanischen Markt; besonders auf Kosten Cubas, das ja weiterhin, wenn ihm auch einige Erleichterungen gewährt wurden, doch als Ausland rechnete. An Stelle des Kaffees trat also als Haupterzeugnis der Zucker und in jüngster Zeit, als auch die Einfuhrzölle für dieses Produkt geringer wurden, der Tabak. Die Ausfuhrzahlen der drei Produkte sind:

	Zucker	Kaffee	Tabak und Zigarren
1898/99	3,2	6,5	0,6
1901/02	5,3	1,7	0,7
1906/07	14,7	4,7	5,4
1912/13	31,5	6,7	7,4

in Millionen Dollar. Im ersten Jahre stand also der Kaffee noch an erster, 1901/02 an zweiter, 1906/07 an dritter Stelle. Ebenso bezeichnend ist, daß sich der Export der in der Union begehrten Früchte, der unter der spanischen Herrschaft völlig unbedeutend war, 1914 schon auf den vierten Platz hinaufgearbeitet hat und schon ein Drittel des Kaffeexportes beträgt. Die Umwandlung der Insel in eine amerikanische Wirtschaftsprovinz schreitet unaufhaltsam fort. Der hohe Tarif sichert auch der amerikanischen Industrie die Lieferung der für die Zucker- und Tabak-Verarbeitung nötigen Maschinen, die früher fast alle von Europa bezogen wurden. Besser als Worte, machen folgende Zahlen das Herausdrängen des europäischen Handels deutlich. Die Ausfuhr der Insel betrug:

	nach den Vereinigten Staaten	nach anderen Ländern
1900	3,3	3,3
1908	25,9	4,7
1912	42,5	6,8

die Einfuhr dagegen nach Portorico

	aus den Vereinigten Staaten	aus anderen Ländern
1900	6,9	3,0
1908	22,7	3,1
1912	37,4	5,5

alles in Millionen Dollars. Besonders England und Spanien waren die Leidtragenden.

Für die amerikanische Schiffahrt ist es von großer Wichtigkeit, daß Portorico als Teil des Staatsgebietes den strengen Küstenfahrtsgesetzen, die fremde Flaggen ausschließen, unterliegt. Eine Reihe größerer amerikanischer Linien, wie die „Red D Linie" und die „New York and Portorico Steam-Ship Co." verbinden das Land mit dem nordamerikanischen Festland. Während für die Entwicklung dieser Schiffahrt infolge des regen Baues der Vereinigten Staaten im Weltkriege gute Aussichten bestehen, wird sich die Produktion der Insel wohl in Zukunft anders gestalten. Die seit 1912 erfolgte Herabsetzung der amerikanischen Zuckerzölle um 25 % und die Aussicht, daß sie noch weiter herabgehen werden, wird wiederum voraussichtlich zu einer Umstellung des Wirtschaftslebens führen. Der Früchteexport wird wohl dann in noch stärkerem Maße als bisher zunehmen und an die Stelle des Zuckers treten, die wirtschaftliche Leistungsfähigkeit der dichtbevölkerten Kolonie (120 Einwohner auf einen Quadratkilometer) wird sich weiter erweisen. Schon hat die United Fruit Co. große Gebiete erworben, um sie mit Früchten zu bestellen. Sie und der in Portorico mächtige Tabaktrust werden diese Umwandlung erleichtern. — Wie in Cuba, bereitet auch hier vor allem die Arbeiterfrage Schwierigkeiten, da nach der Einführung der amerikanischen Währung alle Löhne um durchschnittlich 33¹/₃ % gestiegen sind und die Schulbildung, welche die amerikanische Verwaltung auch dem Ärmsten aufzwingt, die Ansprüche der Arbeiter dauernd steigert.

St. Domingo und Haiti.

Bei der Eingliederung der dominikanischen Republik in das amerikanische Herrschaftsgebiet wurde ein ganz anderer Weg eingeschlagen. Seit den Tagen, da der Präsident Grant seine Annexionspläne hatte aufgeben müssen, haben sich die Interessen der amerikanischen Kapitalisten hier vervielfacht. Große Zucker- und Bananenpflanzungen (in der Nähe der Samaná-Bai) arbeiteten mit ihrem Gelde. Dabei wurden die inneren Verhältnisse dieses Staatswesens immer unerträglicher. Sobald eine neue Revolutionspartei die Oberhand gewonnen hatte, — was fast alljährlich vorkam — war es ihre erste Regierungshandlung, alle Zollämter zu beschlagnahmen, und mit diesen als Pfand Anleihen aufzunehmen, die von ihrer Nachfolgerin entweder nicht anerkannt wurden, oder auch, falls dies ausnahmsweise der Fall war ,nicht bezahlt werden konnten, selbst wenn sie den guten Willen gehabt hätte. 1888 hatte nun ein holländisches Konsortium für eine Anleihe von 4 Mill. Dollar die Verpfändung der Zölle erhalten; auf Blaines Veranlassung hatten amerikanische Finanzleute diese Forderung angekauft. Als nun Versuche des dominikanischen Präsidenten 1901, sich mit sämtlichen Gläubigern, — unter denen sich viele Franzosen und Belgier befanden —, auf eine Abzahlung von 50% der Schuld in den nächsten zehn Jahren zu einigen, fehlgeschlagen waren, wandten sich diese immer dringender an ihre Regierungen und verlangten Hilfe, um zu ihrem Rechte zu kommen. Es lag also die Gefahr vor, daß bei Fortdauer dieser Verhältnisse eine dieser Mächte (besonders Frankreich soll die Absicht nicht ferngelegen haben) einschritt. Es war dann nur zu leicht möglich, daß gelandete Truppen die Insel nicht wieder verließen.

Als die Schulden nun immer weiter stiegen und eine Besserung der Zustände nicht mehr zu denken war, glaubte Präsident Roosevelt den Zeitpunkt gekommen, seitens der Vereinigten Staaten die Gesundung der dominikanischen Finanzen herbeizuführen und schloß 1905 aus eigenener Machtvollkommenheit, wie einst Grant, einen Vertrag mit der Republik. Bestimmt wurde darin folgendes: 1. Der Präsident der Vereinigten Staaten ernennt einen Generaleinnehmer der Zölle. 2. Die Vereinigten Staaten unterstützen das Land bei der Bezahlung seiner Schulden. 3. Bis zur Tilgung der alten Schuld darf ohne Erlaubnis der Vereinigten Staaten keine neue Anleihe aufgenommen werden. Wir haben hier also den ersten Fall eines finanziellen Protektorates; durch die Beherrschung und Kontrollierung der Staatsgelder wird auch die Regierung in die Hände der schutzausübenden Macht gelegt. Ferner wurde in St. Domingo mitgeteilt, daß die amerikanischen Kriegsschiffkommandanten angewiesen seien, Aufstände, die die regelmäßige Zolleinnahme gefährden könnten, mit militärischen Mitteln zu verhindern. Dies war also ein nur verschleiertes Interventionsrecht. Die Regelung der Zolleinnahmen bestätigte dies; 45 Prozent von ihnen wurden der dominikanischen Republik zum Verbrauch überwiesen, 55 Prozent flossen einem Tilgungsfonds in New York zu, aus dem die alten Gläubiger befriedigt werden sollten. Eine Bankgruppe unter Führung der National City Bank of New York nahm die Regulierung in ihre Hände.

Im amerikanischen Senat fand dieser Vertrag so scharfen Widerstand, daß erst am 25. Februar 1907 seine Ratifizierung stattfand; der Grund dazu lag auch diesmal in der Eigenmächtigkeit des Präsidenten. Doch war ein Aufblühen des Wirtschaftslebens der Insel zu bemerken, was natürlich in erster Linie den Vereinigten Staaten als den Hauptbeteiligten, zugute kam. Roosevelt schreibt über die St. Domingofrage: „Die Angelegenheit war wichtig, und überdies recht lehrreich, weil das damals eingeschlagene Verfahren als Präzedenzfall für das Vorgehen der Vereinigten Staaten in ähnlichen Fällen dienen kann."[1]) Besonders lehrreich ist aber auch, daß die Union die Bindung der europäischen Mächte durch den Krieg dazu benutzt hat, dies finanzielle Protektorat in ein politisches umzuwandeln; sie hat nämlich Anfang Dezember 1916 einen Militär-Gouverneur in St. Domingo eingesetzt, der die Stadt und ihre Umgebung in seine Verwaltung genommen hat. Bis heute besteht diese Okkupation noch, auch sind die Vereinigten Staaten 1916 dazu übergegangen, eine amerikanisch-dominikanische Gendarmerietruppe unter amerikanischen Offizieren zu bilden und auch der Zivilverwaltung amerikanische Beamte als „Berater" herzugeben; die Abtretung der Bai von Samaná wird wohl nur noch eine Frage der Zeit sein. Bemerkt sei übrigens, daß sich auch hier wieder die Amerikaner die Ausübung der Seepolizei in den dominikanischen Gewässern ausdrücklich haben zusichern lassen. Sollten die Gesundungsverhältnisse der Insel in wirtschaftlicher Beziehung fortschreiten, so wird wohl St. Domingo mit der Zeit die Versorgung eines Teiles des amerikanischen Verbrauchs an Kakao übernehmen. Doch das liegt noch in weiter Ferne. St. Domingo ist heute ein Vasallenstaat der Union und ihr auf Gnade und Ungnade überliefert.

Die Verhältnisse in Haiti kann man nur mit dem Namen chaotisch richtig kennzeichnen. Die wahre Lage ist, da sogar zuverlässige Handelsziffern fehlen, sehr schwer zu übersehen. Die dauernden Revolutionen hindern jedes Gedeihen des Landes, was sich klar in der Währung ausdrückt; betrug doch 1905 das Agio auf den amerikanischen Golddollar 550 Prozent. Auch hier haben die Vereinigten Staaten eingegriffen. Schon 1908 wurden amerikanische Beamte mit der Einnahme der Zölle betraut; während des Weltkrieges 1916 hat die schon erwähnte National City Bank die Kontrolle über die offizielle Banque Nationale d'Haiti, die früher

[1] Roosevelt, Aus meinem Leben, S. 396.

zum Teil in deutschen Händen war, übernommen. Trotz der großen Unbeliebtheit der Fremden, besonders der Amerikaner, in Haiti, hat sich doch die Republik dazu verstehen müssen, amerikanischen „Ratgebern" viele Rechte einzuräumen. In der Einfuhr Haitis stehen die Vereinigten Staaten an dominierender Stelle und es wird wohl nur noch eine Frage der Zeit sein, wann die Insel dasselbe Schutzstaatverhältnis zur Union einnehmen wird, wie St. Domingo. Auch hier hat der Krieg die amerikanischen Wünsche erfüllt. Im September 1915 ist zwischen der Union und Haiti ein Vertrag abgeschlossen, der ähnliche Bestimmungen wie der seinerzeit mit St. Domingo abgeschlossene enthält. Auch hier soll neben der Generalverwaltung der Haitianischen Staatsgelder die Errichtung einer Gendarmerie unter amerikanischen Offizieren in die Wege geleitet sein.

St. Thomas.

Der Krieg von 1898, der die Erwerbung von Flottenstützpunkten für die amerikanische Marine dringend nötig erscheinen ließ, hatte dem Gedanken einer Annexion dieser Insel wieder neue Anhänger zugeführt. Schon vorher (1892) hatten die Dänen zu neuen Verhandlungen aufgefordert, jedoch die Niederlage des Präsidenten Harrison und die Abneigung seines Nachfolgers Cleveland gegen Expansion hatte einen Erfolg vereitelt. Doch schon 1896 knüpfte dieser selbst von neuem Verhandlungen an, wahrscheinlich infolge der Befürchtung, Dänemark möchte die Inseln einer europäischen Macht zum Verkaufe anbieten. Vielleicht besorgte man in Washington —es war die Zeit der Spannung mit England infolge der Guayana-Grenzfrage — diese Macht möchte von dem Angebot Gebrauch machen, vielleicht befürchtete man auch eine Festsetzung Deutschlands, das früher einmal vorübergehend an St. Thomas gedacht hatte. 1901 nahm der amerikanische Staatssekretär Hay zugleich mit den Verhandlungen über die Sicherung des Panamákanals, zu dessen Verteidigung man St. Thomas haben wollte, die alten Pläne wieder auf. 1902 kam es zum Abschluß eines Vertrages zwischen den Vereinigten Staaten und Dänemark, in dem dieses gegen Zahlung von 25 Millionen Dollar die Inseln abzutreten versprach. Frankreich gab diesmal — welche Änderung der Weltlage spricht allein aus dieser Tatsache — sein Einspruchsrecht auf St. Croix sofort auf; ebenso fand der Vertrag auch die Zustimmung des amerikanischen Senates. Dagegen verweigerte jetzt aus Gründen, welche heute noch nicht klar zu übersehen sind, das dänische Oberhaus seine Zustimmung. Man hatte nämlich, um die Kolonie zu unterstützen, größere Summen für neue Hafenanlagen usw. hineingesteckt, was ohne Frage bei dem Entschlusse, die Inseln zu behalten, mitgesprochen hat. Die Venezuelakrise und der Bau des Panamákanals ließen die St. Thomas-Angelegenheit etwas zurücktreten. Der Weltkrieg brachte der Union dann auch diesen europäischen Besitz. Wie auch sonst, gingen hier mit oder ohne Wissen der Vereinigten Staaten Unruhen den Verhandlungen voran, und eine Petition sprach sich für Angliederung an die Vereinigten Staaten aus. Am 4. August 1916 kam der 1902 verworfene Vertrag aufs neue zustande, nicht ohne daß die Vereinigten Staaten mit Zwang gedroht hätten. Am 17. Januar 1917 war der Vertrag von allen Beteiligten ratifiziert. Am 31. März 1917 ist die Inselgruppe unter dem Namen „Virgin Islands of the United States" dem amerikanischen Staatsgebiet einverleibt worden. — Die Inseln haben sich trotz der großen Bemühungen Dänemarks seit dem Scheitern der Verhandlungen 1902 wenig entwickelt, da die wirtschaftliche Stellung als Hauptumladeplatz Westindiens für immer vorbei ist, und auch nach Eröffnung des Panamákanals eine nachhaltige Besserung kaum zu erwarten steht. Zu alledem hat die dauernde Unsicherheit über den künftigen Besitzer ungünstig gewirkt. Die Interessen der Union an dem Besitz von St. Thomas sind vorwiegend militärische. Doch ohne Frage hat sich das erneute Vorgehen auch gegen Deutschland gerichtet. Denn gerade die deutsche Schiffahrt, vor allem die Hamburg-Amerika-Linie, hat ihren westindischen Stützpunkt in St. Thomas, während der Anteil der amerikanischen Flagge in St. Thomas sehr gering ist und nur etwa 3—4 Prozent beträgt. Vielleicht wird sich mit der Vermehrung der amerikanischen Schiffszahl auch der Hafenverkehr wieder heben. Über die staatsrechtliche Stellung der wenigen Einwohner, deren Anzahl noch dazu dauernd abnimmt, ist bisher noch nichts bekannt geworden.

Die fremden Antillen.

Als einzige von den großen Inseln befindet sich Jamaica noch nicht unter dem beherrschenden Einfluß der Vereinigten Staaten, wenn es auch in hohem Grade wirtschaftlich von ihnen abhängig ist. Der Handel der britisch-westindischen Besitzungen mit der Union wurde 1733 erleichtert, erst 1849 ganz frei gegeben. Während des letzten Jahrhunderts haben diese Besitzungen, von denen sich Jamaica und die Leewardsinseln einer recht freien Verfassung erfreuen, dem Mutterland viel Kummer gemacht. Die Abschaffung der Sklaverei und dann die Verdrängung des Rohrzuckers durch den Rübenzucker, haben ihrem Wirtschaftsleben, besonders auch Jamaica, schwere Wunden geschlagen und erst neuerdings hat sich dieses durch die für den Zucker eintretenden Ersatzkulturen wieder gehoben. Während von seiten der Regierung in Washington wenig für die Beziehungen zu Britisch-Westindien getan wurde, haben die Pflanzer Jamaicas wiederholt, besonders nach dem Aufstande von 1831, dann aber bis tief ins Ende des Jahrhunderts hinein eine Unabhängigkeit der Insel unter amerikanischem Schutze angestrebt. Die hohen Zuckerzölle der Vereinigten Staaten waren mit an dem geringen Gedeihen der Insel schuld. Früher war die Zuckerausfuhr nach den Vereinigten Staaten recht groß gewesen; 1875 betrug sie 7 Millionen cwts., 1898 nur noch 4,2 ctws.; nach dem spanischen Kriege wurde sie natürlich durch die Konkurrenz Cubas und Portoricos mehr und mehr ausgeschaltet. 1884—1890 hatte Großbritannien auf den Hilferuf Jamaicas über eine Erleichterung der Einfuhr des Jamaica-Zuckers verhandelt, was die Insel mit schweren Opfern erkaufen mußte. Seit den neunziger Jahren beginnt sich das amerikanische Kapital in steigendem Maße für das Land zu interessieren; im gleichen Jahre wurde die dortige Eisenbahn an ein amerikanisches Syndikat verkauft und die United Fruit Co., von der wir noch hören werden, hat die günstige Beschaffenheit der Insel für Fruchtkulturen erkannt und damit den Weg gezeigt, auf dem sie sich aus dem Niedergange der Zuckerproduktion wieder emporentwickeln kann. Von 1872 bis 1907 ist der Wert der Bananenausfuhr von ungefähr dreieinhalb tausend Pfund Sterling auf eine Million Pfund Sterling gestiegen und wächst mit jedem Jahre. Jedoch würde beispielsweise ein Fruchteinfuhrzoll der Vereinigten Staaten — neben ihnen nimmt nur noch England nennenswerte Mengen Bananen auf, — den Wohlstand der Insel auf der Stelle zerstören. Die Vereinigten Staaten beherrschen somit jetzt schon indirekt das Wohlergehen der Insel, wenn es auch noch nicht vorauszusehen ist, ob dies auf die Dauer so bleiben wird.

Die Vollendung des Panamákanals hat den Wert Jamaicas, das zur Beherrschung der atlantischen Zufahrtsstraßen von allergrößtem Werte ist, für die Union um ein vielfaches gesteigert. Dazu kommt noch folgendes: Die Bestrebungen innerhalb des britischen Imperiums, die einzelnen Kolonien einander auch wirtschaftlich anzunähern, hat zu einer regen Verbindung zwischen Kanada und Westindien, besonders auch Jamaica, geführt. Die Pflanzer der Insel finden nämlich in Britisch Nordamerika zahlungskräftige Abnehmer für ihren Zucker und ihre andern Kolonialprodukte. Ist auch vorderhand der Handel Britisch-Westindiens mit dem Mutterland noch viel wichtiger als der mit Kanada, so wird bei den unübersehbaren Zukunftsmöglichkeiten des Dominiums dieses ein immer besserer Kunde werden. Es ist sogar nicht ausgeschlossen, daß dieser wirtschaftlichen Annäherung auch später einmal eine politische folgt. Dies sind nun Tatsachen, die man in der Union wohl fühlt, und die ihr, welche ja nach einer unbedingten Vorherrschaft im westindischen Mittelmeer strebt, sehr unangenehm sind. Deshalb wird sie nichts unterlassen, diesen Bestrebungen entgegenzuarbeiten; vielleicht liegen auf diesem Gebiet — ich möchte dies nur ganz von Ferne andeuten — gewisse Kompensationen für die Haltung der Vereinigten Staaten im gegenwärtigen Kriege.

Wie die britischen, so sind auch die andern Antillen auf eine Lebensmittelzufuhr von Nordamerika so angewiesen, daß dieses ihnen gegenüber ein starkes Druckmittel in der Hand hat. Während des Krieges hat naturgemäß das amerikanische Kapital hier mehr und mehr Einfluß gewonnen, da der Handel zur Zeit auf die amerikanische Schiffahrt angewiesen ist und diese die Verbindungen mit Westindien wesentlich verbessert hat. Vor dem Kriege war die Organisation des amerikanisch-westindischen Verkehrs sehr mäßig, so daß beispielsweise zwischen Trinidad, welches viel Asphalt exportiert, und den Vereinigten Staaten manchmal in fünf Wochen kein Dampfer lief. Auch bei den kleinen Inseln macht sich die Konkurrenz Kanadas, welches gut die Union als Hauptlieferantin für Nahrungsmittel zu ersetzen vermag und dabei sich seine Waren nicht mit Bargeld, sondern mit Kolonialprodukten bezahlen läßt, stark bemerkbar. So hat auch auf Barbados, dem Zentralpunkte des britischen Handels auf den kleinen Antillen, Kanada mehr und mehr auf Kosten der Union an Boden gewonnen.

Die Beziehungen der Vereinigten Staaten zu den französischen Antillen sind recht gering. Dennoch war es bezeichnend, daß während der Marokkokrise sich in Amerika Stimmen erhoben, die als Entgelt für die Aufrichtung des französischen Protektorates über Nordafrika eine Abtretung der französischen Besitzungen in Westindien forderten.[1]) Auch sind in jüngster Zeit Gerüchte über Verhandlungen zwischen der Union und Holland laut geworden. Dieses besitzt einige kleine Inseln vor der Küste von Venezuela, von denen Curaçao die wichtigste ist. Der Wert dieser Besitzungen für die Vereinigten Staaten liegt in der Möglichkeit durch die Linie Curaçao-Portorico die kleinen Antillen vom Panamákanal abzusperren und in der Nähe Venezuelas. Wahrscheinlich werden sie ein ähnliches Schicksal wie die dänischen Besitzungen haben.

Die westindischen Inseln wachsen zweifellos mit jedem Jahre mehr in das amerikanische Imperium hinein. Der europäische Krieg hat die Bande, die sie mit Europa verknüpfen, weiter gelockert. Zusammen mit Zentralamerika werden sie den Bedarf der Union an Zucker und Früchten, in Zukunft vielleicht auch an Kakao und anderen Kolonialwaren decken können.

§ 3. Der Panamákanal und die Ausbreitung der amerikanischen Herrschaft in Mittelamerika.

Wir hatten gesehen, daß es der Union daran lag, seit der Mitte des Jahrhunderts alle Republiken Zentralamerikas zu einer einzigen zu verschmelzen. Die gegen Ende der achtziger Jahre einsetzende panamerikanische Bewegung, deren Wortführer Blaine immer und immer wieder die Gemeinsamkeit aller amerikanischen Interessen betonte, hat die Expansion der Vereinigten Staaten gerade in Mittelamerika stark gefördert Sie fand einen Bundesgenossen in den großen Interessen, welche das amerikanische Großkapital, vor allem in Form von Bergwerksgesellschaften und in der United Fruit Co. hier hatte; je mehr die wachsende amerikanische Industrie neue Betätigungsfelder verlangte, desto mehr nahm sie Anstoß an dem Zustand dauernder Revolution, in dem sich die Länder befanden. Es war nur natürlich, daß sie ein Eingreifen ihres Mutterlandes zur Herstellung der Ruhe mit Freuden begrüßt hätte.

---

[1]) American Foreign Policy by a diplomatist. S. 88.

Trotz der allgemeinen Abneigung gegen die Fremden in diesen Republiken gibt es doch viele Kreise, die aus Sehnsucht nach Ruhe und Ordnung dem Einschreiten einer Großmacht nicht rundweg ablehnend gegenüber stehen, da nur so ein Aufhören der Wirren zu erreichen ist. Zu verlockend war für die Vereinigten Staaten die Aufgabe, hier, direkt vor ihrer Tür die Rolle des internationalen Schutzmannes, wie sich ein amerikanischer Diplomat ausdrückte, zu spielen. Klagte doch vor ein paar Jahren der Präsident von Honduras einem Amerikaner gegenüber „I have no one whom I can trust. I have to do all for myself. All I ask is to escape assassination and finish my term of office honourably. What hope of peace or development has Honduras? None except by the interference from the United States!" —[1]) Als Mittel, hier einen Einfluß ausüben zu können, sollte die panamerikanische Konferenz 1889 dienen, da zu dieser Zeit der Präsident Barrios von Guatemala wieder den Versuch machte, die Republiken zu einigen. Die europäischen Mächte waren diesem Bestreben nicht günstig gesinnt und besonders England wollte seinen großen Einfluß, gestützt auf sein vieles dort angelegtes Geld, nicht verlieren. Als nach dem Scheitern der ersten Versuche des Barrios, etwa 10 Jahre später (1897) die Einheitsrepublik wirklich einmal zur Tatsache zu werden schien, weigerte sich England, sie anzuerkennen und stärkte die widerstrebenden Teile. Die Union hat sich zunächst größerer Eingriffe mit staatlichen Mitteln enthalten. Besondere Verdienste um eine Annäherung zwischen den Vereinigten Staaten und Mittelamerika hat sich das 1890 gegründete Bureau of the Panamerican Republics erworben, welches unter der Leitung seines Vorsitzenden Barrett ständig weiter ausgebaut ist und dessen Nachrichten, die „Bulletins of the Panamerican Union", das beste Informationsmaterial für die Vorgänge in diesen Ländern bilden. Sein schönes Gebäude in Washington wurde zur Zentralstelle der politischen und geistigen Verbindungen Nord- und Mittelamerikas. Man mußte aber besonders vorsichtig vorgehen, um die großen lateinischen Republiken besonders Mexiko, das stets mit Argwohn auf das Vordringen der Union jenseits seiner Südgrenze geblickt hat, nicht zu reizen. Solange dieses eine achtungswerte Macht darstellte, handelte die

[1]) Palmer, a. a. o. S. 137.

Union klug daran. Der Pflege der wirtschaftlichen Beziehungen blieb das Hauptaugenmerk zugewandt.

Die Fragen, welche mit dem Bau des Panamákanals zusammenhingen und nach Beendigung des Krieges von 1898 von den Vereinigten Staaten in ihrem Sinne mit allen Mitteln gelöst wurden, hat die Entwicklung der Dinge hier stark beschleunigt. 1901 erhielt durch den Hay-Paunceforte Vertrag die Union das Recht zum Bau und zur Befestigung des Kanals, eine Zusage, die schon einen Eingriff in die politischen Verhältnisse Zentralamerikas bedingte. Der Burenkrieg hatte England gezwungen, auch den letzten Anspruch von Vorherrschaft oder von Gleichberechtigung, aufzugeben. 1902 wurden dann dem Präsidenten der Vereinigten Staaten durch die Spooner Bill ausgedehnte Vollmachten für Verhandlungen mit fremden Mächten hinsichtlich des Kanals eingeräumt. Dieser bot deshalb Columbien als der Herrin des Kanalgebiets im Hay-Herrán Vertrag 10 Millionen Dollar für die Überlassung der Kanalzone. Diesen Vertrag, über den von 1900—1903 verhandelt wurde, verwarf jedoch die columbianische Volksvertretung, wahrscheinlich, um höhere Summen zu erhalten. Der finanzielle und politische Druck der Vereinigten Staaten auf die Provinz Panamá wurde so stark, daß sich diese als Republik Panamá am 4. November 1903 unabhängig erklärte. Der junge amerikanische Schutzstaat nahm sofort die von Columbien verworfenen Bedingungen an und trat somit unter die Finanzkontrolle seines Vormundes. Im Februar 1904 wurde dann die gesamte sogenannte Kanalzone, welche einen breiten Streifen auf seinen beiden Seiten umfaßt, an die Vereinigten Staaten abgetreten. Diese richteten hier eine militärische Verwaltung ein, auf welche Rechte der Staatshoheit, wie Grundenteignung usw. übergingen. Bald darauf wurde auch mit dem Bau von Befestigungen begonnen, und, nachdem das Gebiet in mustergiltiger Weise saniert war, auch eine starke Truppenmacht hier stationiert. Hand in Hand damit ging die Erwerbung weiter Landgebiete durch die United Fruit Co., so daß sich die drei Haupteinnahmequellen der jungen Republik nämlich die Panamá-Eisenbahn, der Kanal und die wichtigste Exportgesellschaft in amerikanischen Händen befinden.

Zwischen der Grenze von Texas und der Kanalzone klafft noch eine weite Lücke, welche die amerikanische Politik ihrer Interessensphäre einzugliedern versuchen mußte, will sie ihr Wort, daß der

Kanal sich als Teil des Uniongebietes darstelle, wahr machen. Diese Landstrecken bergen viel fruchtbares Land, zukunftsreiche Mineralschätze, aber sie sind bewohnt von unruhigen Mischlingen, die vielfach ganz indianisch und zu 80% Analphabeten sind. Unter geordneten Verhältnissen zu leben, haben nur die wenigsten kennen gelernt. Von der Grenze der Union bis zur Kanalzone führt der Landweg an mehr Zollhäusern vorbei, als man sie bei einer Fahrt von New York ostwärts um die ganze Welt bis San Francisco passiert. Diese Bresche auszufüllen hat nun das amerikanische Kapital versucht. Vor allem der Bananenbau, welchen amerikanische Großfirmen fast monopolisiert haben, zieht zunächst das Gebiet an der atlantischen Küste, über welche der größte Teil des Handels der Republiken geht, und dann diese selbst immer enger zu den Vereinigten Staaten. Wie die South Manchurian Railway Co. die Südmandschurei für Japan wirtschaftlich, und dann auch politisch erobert hat, so fesselt die United Fruit Co. Mittelamerika an die Vereinigten Staaten. Die Kompanie erstrebt nichts geringeres als sich das Monopol des gesamten Wirtschaftslebens in den einzelnen Staaten zu sichern. Sie finanziert die staatlichen Unternehmungen, erschließt das Land und macht den Wohlstand der Bevölkerung von ihren Anlagen abhängig. Durch die Gewährung von Anleihen verpflichtet sie sich auch die Regierung des Landes, deren äußere wie innere Politik sie beherrscht.

Die United Fruit Co. wurde 1899 durch Verschmelzung mehrerer kleiner Fruchtgesellschaften in Boston gegründet, um auf günstigem Gebiete vor allem Bananen zu pflanzen und diese mit Hilfe schneller, eigens dazu hergestellter Dampfer nutzbringend abzusetzen. Dieses Programm ist aber weit überschritten; denn bald gehörten ihr neben den besten Pflanzungen die wichtigsten Eisenbahnen Mittelamerikas, sie baute die Hafenanlagen und aus ihrer Ausfuhr erhielten die Republiken den größten Teil ihrer Einnahmen, ihre Schiffe haben Häfen, wie Porto Limon und Puerto Barrios aus ihrem Schlafe erweckt und, man kann wohl sagen, die Bevölkerung zur Arbeit gezwungen. Sie vor allem hat das englische Kapital, das früher hier allmächtig war, mehr und mehr verdrängt. Nur Guatemala hat bis jetzt noch versucht, sich ihrem Einflusse zu entziehen, was aus dem Grunde gelang, da seine Ausfuhr (Kaffee) zum größten Teil nach Deutschland ging. Der Weltkrieg hat auch dieses Land in die Arme des amerikanischen Kapitals getrieben. Der Bedarf der Vereinigten Staaten an Bananen stieg allein von 1889 bis 1909 von 5 auf 60 Millionen Büschel, die fast ausschließlich aus dem westindischen Mittelmeer kamen. Besonders Costarica ist völlig in den Händen der United Fruit Co., und von 1897 bis 1903 hat sich der Prozentsatz der Vereinigten Staaten am Gesamthandel des Landes von 33,6 % auf 50,2 % gehoben, wobei man noch erwähnen muß, daß gerade Costarica von früher her englischen Gläubigern gegenüber noch viele Verpflichtungen hat und seine Einwohner die Amerikaner nicht gern in ihrem Lande sehen.

Aber die Beherrschung des Finanzwesens [1]) durch die Ausfuhrzölle, auf welche diese Staaten mangels anderer größerer Einnahmen vor allem angewiesen sind, genügte noch nicht. Man versuchte mit Erfolg, nordamerikanische Kapitalisten, auch für die Anleihen, deren Bedarf ja immer größer wird, zu interessieren. Während 1910 Verhandlungen dieser Art mit Guatemala noch scheiterten, da von Seiten der amerikanischen Banken Forderungen gestellt wurden, welche die Unabhängigkeit der Republik zu gefährden drohten, was allgemein Protest im Lande zur Folge hatte, so gelang es dagegen völlig Nicaragua finanziell zu beherrschen. Nachdem schon 1900 der Union weitgehende Rechte auf den Bau eines zukünftigen Kanals eingeräumt waren, ist es nach der Abdankung des Präsidenten Zelaya völlig Vasallenstaat der Union geworden. Gegen die Gewährung der dringend nötigen Gelder sind seit 1912 fast die gesamten öffentlichen Anlagen einem Konsortium von New Yorker Banken, hinter dem die amerikanische Regierung steht, verpfändet worden; im gleichen Jahre wurde ein Staatsvertrag geschlossen, in dem die Union noch einmal das ausschließliche Recht auf den Bau des Nicaraguakanals sowie die Erlaubnis zur Anlage von Kohlenstationen erhielt, nachdem schon vorher der Bau sämtlicher wichtigeren Häfen amerikanischen Unternehmern hatte konzessioniert werden müssen[2]). 1914 übernahmen, ebenfalls durch Staatsvertrag, Amerikaner die Reorganisierung des gesamten Finanzwesens und Anfang 1916 wurde der wichtigste Hafen an

[1]) Vergl. hierüber und auch über das folgende die Arbeit von Bürklin, Süd- und Mittelamerika unter dem wirtschaftlichen Einfluß des Weltkrieges.

[2]) Vergl. über die Steigerung des amerikanischen Einflusses in Nicaragua, Bürklin, a. a. O. S. 64—66.

der pazifischen Seite, die Bai von Fonseca auch wirklich abgetreten. Nicht ganz so weit sind bisher die Dinge in Honduras fortgeschritten, obwohl angesichts der reichen Petroleumfunde das Vorgehen des amerikanischen Kapitals schon aktiver geworden ist.

Das entscheidende Jahr für die Gestaltung der Dinge war 1906. Von diesem Jahre ab nämlich ließen die Vereinigten Staaten ihre alte Politik der Nichteinmischung in die inneren Angelegenheiten der Republiken, die sie seit Walkers Tode befolgt hatten, fallen. Der Präsident Roosevelt hatte ihnen von seinem Regierungsantritt an sein Augenmerk zugewandt und tüchtige amerikanische Konsuln heruntergesandt. 1905 brachen zwischen den beiden alten Parteien, Guatemala und Costarica einerseits und Nicaragua, Honduras und S. Salvador andererseits Wirren aus, die sich allmählich in einen dauernden Krieg zu verwandeln drohten. Nachdem Verhandlungen, welche an Bord amerikanischer Kriegsschiffe stattgefunden hatten, gescheitert waren, berief der Staatssekretär der Vereinigten Staaten, Root, auf Grund der einst bei den panamerikanischen Konferenzen vereinbarten Abmachungen, Vertreter sämtlicher zentralamerikanischen Republiken, auch Mexikos, nach Washington. Im Dezember 1907 fand diese denkwürdige Konferenz in den Räumen der panamerikanischen Union statt. Root, der, wie ein Beobachter sagt, die Gesandten der kleinen Staaten „ebenso behandelte, wie ein englischer Agent die indischen Fürsten", ließ keinen Zweifel daran, daß die Vereinigten Staaten eine Fortdauer des Krieges auf keinen Fall dulden würden.

Die Beziehungen der Republiken untereinander sollten auch für die Zukunft geregelt werden. Neben der Errichtung eines mittelamerikanischen Gerichtshofes, der bei vorkommenden Streitfällen Schiedsrichter sein sollte, wurden ein Freundschaftsvertrag, Unterstützung einer gemeinsamen Hochschule und vor allem der Bau und die Fortführung der panamerikanischen Eisenbahn, die Nord- und Südamerika verbinden soll, beschlossen. Sind auch lange nicht alle Erwartungen erfüllt, — schon gegen die auf der Konferenz von 1907 ausgesprochenen Grundsätze zur Erringung der Einheit, hatten Costarica und Guatemala, die verhältnismäßig geordnetsten Staaten protestiert — so wurde es jetzt doch aus Furcht vor dem Eingreifen der Vereinigten Staaten ruhiger. Von nun an waren bei drohenden Unruhen stets die Kriegsschiffe der Vereinigten Staaten zur Hand, welche jede Störung des Friedens, wie dies 1912 Nicaragua versuchte, systematisch unterdrückten. Ferner war 1907 abgemacht worden, durch jährliche Konferenzen, bei denen auch Vertreter der Vereinigten Staaten teilnehmen sollten, sich über die schwebenden Fragen auszusprechen und die künftige Einheit vorzubereiten. Diese haben bis jetzt auch regelmäßig stattgefunden.[1]) Die Union wird wohl in Zukunft den finanziellen, kommerziellen und politischen Druck solange fortsetzen, bis es ihr gelungen ist, ganz Mittelamerika zu einem Staatswesen zusammenzuschweißen, das zu ihr in ähnlichem Abhängigkeitsverhältnis steht, wie Cuba. Es wird von dem Laufe der allgemeinen Politik abhängen, wie schnell dieser Prozeß fortschreitet; zu befürchten ist, daß der europäische Einfluß in diesem Teile Mittelamerikas immer schwächer werden wird. Die Haltung der südamerikanischen Staaten, die sich seit geraumer Zeit schon für die Entwicklung der Dinge lebhaft interessieren, wird aber nicht ohne Einfluß auf das fernere Vorgehen der Union bleiben.

Mexiko.

Solange Diaz noch am Ruder war, blieb das Verhältnis zwischen Mexiko und den Vereinigten Staaten ein recht leidliches. Wir hatten schon gehört, daß auch an der Friedenskonferenz von 1907 Mexiko teilgenommen hatte. Aber Diaz wurde die Geister, die er gerufen hatte, nicht wieder los. Die Macht des amerikanischen Kapitals, die er selbst zur wirtschaftlichen Kräftigung seines Landes hatte benutzen wollen, gewann Gewalt über ihn und sein Land. 1910 brach ein Aufstand aus, dessen Leiter Madero von Texas aus unterstützt wurde, was sogar zu einer teilweisen Mobilmachung von Heer und Flotte der Vereinigten Staaten führte. Der Bürgerkrieg in der unglücklichen Republik nahm seitdem kein Ende. Nach der Wahl Huertas 1913 wurde das Verhältnis zwischen Mexiko und den Vereinigten Staaten immer gespannter, da sich diese unter keinen Umständen auf die Anerkennung des neuen Präsidenten einließen. Schädigung amerikanischer Staatsbürger führte 1914 zur vorübergehenden Besetzung von Veracruz und 1915 zu einem Zuge des amerikanischen Generals Pershing, der bis

[1]) Vergl. Büchi, a. a. O.

Anfang 1917 noch Grenzgebiete besetzt hielt. Trotz aller dieser Vorgänge befinden sich beide Staaten dauernd im Friedenszustande. So sind hier Verhältnisse geschaffen, die ganz einzigartig waren. Schönborn hat sie als „völkerrechtliche Selbsthilfeakte" definieren wollen. Präsident Wilson hat erklärt, daß die Vereinigten Staaten berufen seien, als Vormacht Amerikas den Bürgern der einzelnen Republiken ihre konstitutuionellen Rechte zu garantieren, und da Huerta nicht rechtmäßig gewählt sei, so könnten die Vereinigen Staaten ihn auch nicht anerkennen. Als wahres Motiv für das amerikanische Vorgehen spricht aber folgendes mit: die in Mexiko angelegten amerikanischen Kapitalien fordern gebieterisch eine Aufrechterhaltung der Ordnung durch eine starke Hand und es besteht der Wunsch, daß die Vereinigten Staaten die Garanten dieser Ruhe und Ordnung werden sollen. Coolidge hat diesen Zeitpunkt schon kommen sehen, denn er sagt schon 1906 voraus, daß eine Störung der Ruhe in Mexiko nach dem Rücktritt von Diaz ein Eingreifen der Union zur Folge haben würde. Es kann hier nur angedeutet werden, daß der amerikanische Petroleumtrust sich sehr für die reichen Quellen Mexikos, welche gerade in der Nähe von Veracruz und Tampico, den beherrschenden Häfen der atlantischen Küste, liegen, interessiert. Ebenso läßt sich heute nicht entscheiden, inwieweit die Besorgnis vor Japan bei diesem Vorgehen mitgesprochen hat. Auch hier erkennen wir den typischen Fall, daß die wirtschaftliche Expansion in dem Augenblick von der politischen unterstützt wird, wo sich ihr stärkere Widerstände, welcher Art es auch sei, entgegen stellen.

Über die Zustände in Mexiko, besonders auch über das Fortschreiten des amerikanischen Einflusses, läßt sich für die Dauer des Krieges, da uns zuverlässige Nachrichten fehlen, Gewisses nicht sagen. Doch scheint es in letzter Zeit beinahe, als ob hier zum ersten Male die Amerikaner einen ernsthaften Widerstand finden werden. Hier handelt es sich eben nicht um einen finanziell ohnmächtigen Staat, der für sein wirtschaftliches Wohlergehen seine politische Unabhängigkeit opfern muß, sondern um ein Volk, das auch in sich genügend stark ist, fremde Aspirationen zu bekämpfen und dem nur der rechte Mann fehlt, diese Kräfte einheitlich zu organisieren.

Columbien und Venezuela.

Diesen beiden Republiken, deren Küstenanteil am westindischen Mittelmeer schon an sich nicht groß ist, hat die Union bis in die jüngste Zeit hinein nur ein sehr geringes Interesse zugewandt. Erklären läßt sich dies dadurch, daß nach ihrer ganzen physikalischen und kulturellen Struktur diese beiden Staaten schon in höherem Grade zu Südamerika gehören und infolgedessen auch den amerikanischen Ausdehnungsbestrebungen einen größeren Widerstand entgegensetzten, zumal in beiden Staaten die europäischen Interessen durchaus überwogen, während die Tätigkeit und somit auch der Einfluß der amerikanischen Politik im Ganzen genommen bedeutend geringer war als in den bis jetzt geschilderten Gebieten des westindischen Mittelmeeres. Bisher haben sich die Vereinigten Staaten eigentlich darauf beschränkt, darüber zu wachen, daß die Monroe-Doktrin auch hier zur Herrschaft gelangte.

Dies zeigte sich, wie schon oben erwähnt, als dem widerspenstigen Columbien 1903 Panamá entrissen wurde. Erst in den letzten Jahren vor dem Kriege versuchte man die Beziehungen zu Columbien wieder besser zu gestalten und 1914 kam zwischen den beiden Staaten ein Vertrag zustande, in dem Columbien für den Verlust Panamás 25 Millionen Dollar als Entschädigung gezahlt werden sollte. Ferner wurde ausgemacht, daß den columbianischen Schiffen freie Durchfahrt durch den Kanal, also Gleichstellung mit der amerikanischen Küstenschiffahrt freistehen sollte; wofür den Vereinigten Staaten das Recht eingeräumt wurde, die beiden kleinen Inseln Old Providence und St. Andres im Karibischen Meer zu besetzen. Nach Nachrichten, die während des Krieges zu uns gekommen sind, hat Wilson die Ratifizierung dieses schon fertiggestellten Vertrages jedoch abgelehnt.

Dagegen nahm die Union Gelegenheit, wiederholt den europäischen Mächten bei Fragen, die Venezuela betrafen, entgegenzutreten. Es sei nur an die Guayana-Frage 1895 und an die große Venezuela-Krise 1903 erinnert, in welcher die Vereinigten Staaten beinahe offen den berechtigten Ansprüchen der europäischen Mächte entgegentraten und klar bewiesen, daß sie übermächtigen europäischen Einfluß auch in den Teilen des westindischen Mittelmeeres, die schon mehr zu Südamerika gehörten, nicht dulden würden.

Jedoch sind die Probleme, die im Vorliegenden berührt sind, nicht mehr solche des westindischen Mittelmeeres ganz allein; sie greifen hinüber und gehören schon zu dem Gebiete der großen panamerikanischen Politik der Vereinigten Staaten, die daraufhin zielt, Europa auch aus Südamerika zu verdrängen und den ganzen Erdteil sich unterzuordnen. Noch ist die Tätigkeit des amerikanischen Kapitalisten und Finanzmannes nicht so stark gewesen, als daß man gewagt hätte, der mit dem Dollar ausgeführten Minierarbeit auch politische Eingriffe folgen zu lassen. Wie sich die Verhältnisse nach dem Kriege gestalten werden, steht dahin.

Ergebnisse.

Die gegenwärtige Lage.

Wenn im Folgenden kurz die Hauptlinien aufgezeigt werden sollen, in denen sich die Entwicklung während des Krieges bewegt hat, so muß zunächst vorausgeschickt werden, daß es aus Mangel an zuverlässigen Nachrichten ausgeschlossen ist, auch nur die größeren Ereignisse richtig zu würdigen. Soviel kann man aber feststellen, daß die Vereinigten Staaten während des Krieges folgerichtig auf der alten Basis weiter geschritten sind und eigentlich erst jetzt die Erfolge für ihre zähe Arbeit gehabt haben, das westindische Mittelmeergebiet zu einer amerikanischen Binnensee zu machen. Das gesamte Gebiet hat sich wirtschaftlich systematisch auf den Bedarf Nordamerikas eingestellt und seine gesamten Produkte dorthin geliefert. Besonders in den ersten Zeiten des Krieges sicherte allein die Aufnahmefähigkeit des nördlichen Marktes einzelne Gebiete vor dem wirtschaftlichen Untergang. Kein europäischer Staat war im Stande, größere Mengen mittelamerikanischer Waren, die ja zum überwiegenden Teile in Genußmitteln bestehen, aufzunehmen. Sobald man in der Union merkte, daß der Krieg noch längere Zeit dauern würde, begann man damit, das ganze Gebiet als W i r t s c h a f t s p r o v i n z d e r V e r e i n i g t e n Staaten zu organisieren. Der Dampferverkehr unter amerikanischer Flagge wurde verdoppelt, ja verdreifacht, und heutzutage werden wohl nur ganz vereinzelt Schiffe in westindischen Gewässern fahren, welche nicht das Sternenbanner führen. Besonders die Stillegung des deutschen Verkehrs hat den Amerikanern Früchte gebracht, die sie nicht gesät haben. Mit dem Ausbau der Verbindungen ging eine Modernisierung der für Amerika wichtigen Veredelungsindustrien Hand in Hand: In Cuba wurde die gesamte Zuckerfabrikation von Grund auf modernisiert und bereits 1917 konnte man sagen, daß der Handel der Vereinigten Staaten mit dem westindischen Mittelmeergebiet sowohl an Umfang wie an Wert denjenigen der Union mit allen anderen Staaten (die einzelnen Entente-Mächte nicht ausgenommen und auch Südamerika) weit überragte. Diese Verbindung der sich gegenseitig ergänzenden Gebiete ist so eng geworden, daß im großen und ganzen Westindien heute auf Gnade oder Ungnade dem Willen der Machthaber der Vereinigten Staaten ausgeliefert ist.

Je größer die Macht auf wirtschaftlichem Gebiete wurde, desto unverhüllter traten auch die politischen Herrschaftsbestrebungen hervor. Noch läßt sich nicht glaubhaft feststellen, wie weit der amerikanische Einfluß eigentlich reicht. Die Berichte, die in letzter Zeit aus San Domingo, und Haiti gekommen sind, haben uns wissen lassen, daß beide Republiken unter amerikanischer Militärdiktatur stehen, die zunächst über die Küstenorte, dann über das ganze Land verhängt wurde.[1]) An allen wichtigeren Plätzen befinden sich amerikanische Marinekommandos. Entsprechend ist auch die Zivilverwaltung geregelt, indem jedem einheimischen Beamten ein amerikanischer beigesellt wurde, dem natürlich die wahre Leitung zufällt. Neuerdings hat man auch versucht unter amerikanischen Offizieren eingeborene Gendarmerietruppen zu bilden, so daß es wohl nicht lange dauern wird, daß auch diese beiden Republiken in noch höherem Grade von der Union abhängig sein werden, wie es Cuba schon heute ist.

Am schlagendsten zeigte sich die Machtlosigkeit der gesamten Republiken nach der Kriegserklärung der Vereinigten Staaten an das Deutsche Reich. Trotz oft heftigen Widerstandes — wir wissen es beispielsweise von Haiti — wurde ein Staat nach dem andern gezwungen, dem Deutschen Reiche die diplomatischen Beziehungen zu kündigen und dann auch den Kriegszustand zu erklären. Dies mußten sie tun, weil ihnen sonst die Vereinigten

[1]) Vertrag Haitis mit der Union vom 16. Sept. 1915.

Staaten die Gewährung der für ihr Weiterbestehen unentbehrlichen Anleihen versagten, wie dies besonders in Guatemala zum Ausdruck kam, wo der Abbruch der Beziehungen mit Deutschland, dem das Land einen guten Teil seiner Entwicklung verdankt, in dem Augenblicke kam, als man eine neue amerikauische Anleihe benötigte. Von allen Staaten scheint allein Mexiko imstande zu sein, selbständig über sein Handeln zu bestimmen. Man soll sich nicht darüber hinwegtäuschen, daß durch den Krieg der europäische Einfluß wirtschaftlicher wie politischer Art im westindischen Mittelmeergebiet aufgehört hat. Es gebietet nur noch der Machtwille der Vereinigten Staaten, die nicht gezögert haben, gemäß ihrer alten Tradition die kleineren, bisher selbständigen Staatsgebilde durch die Macht ihrer finanziellen Mittel und ihrer politischen Handhaben an sich heranzuziehen, ohne nach dem Selbstbestimmungsrecht der Völker zu fragen.

Wenn im folgenden versucht wird, die gegenwärtige Lage etwas präziser zu umschreiben, so kann natürlich auf unbedingte Richtigkeit kein Anspruch gemacht werden. Es soll nur noch einmal gezeigt werden, wie die Grade der Abhängigkeit beschaffen sind. Fassen wir also zusammen, so ist der gegenwärtige Stand des Vordringens der Vereinigten Staaten im westindischen Mittelmeergebiet etwa folgender:

Wir unterscheiden:[1])

1. Amerikanische Besitzungen (Suverenität):
   a) Portorico, seit 1898 Kolonie (Reichsland),
   b) die Panamákanalzone, seit 1904 amerikanische Militärverwaltung,
   c) St. Croix, St. John, St. Thomas, amerikanische Besitzungen seit 1917,
   d) die der amerikanischen Marineverwaltung unterstehenden Flottenstützpunkte auf Cuba: Bahia Honda, Guantanamo und Isla de Pinos, 1903 von Cuba der Vereinigten Staaten-Marine eingeräumt.
2. Staaten unter der politischen Schutzherrschaft der Union (Suzerenität):
   a) Cuba (seit 1901 Interventionsrecht der Vereinigten Staaten auf Grund von Schutzvertrag).

[1]) Vgl. die Skizze S. 106/107.

3. Schutzstaaten, die auf Grund von Verträgen unter der finanziellen und politischen Oberleitung der Vereinigten Staaten stehen (Verschleiertes Interventionsrecht):
   a) St. Domingo (seit 1905),
   b) Haiti (seit 1908, bezw. 1915),
   c) Nicaragua (seit 1912),
   d) Panamá (seit 1903).
4. Staaten unter Vormundschaft der Union, in denen diese, gestützt auf die Macht des investierten Kapitals, die Führung der auswärtigen Politik entscheidend beeinflußt:
   a) Guatemala
   b) Honduras
   c) Costarica
   } (seit 1906, Intervention der Vereinigten Staaten im zentralamerikanischen Kriege).
5. Panamerikanische Einflußgebiete, d. h. die Interessensphären der Union, in welchen sich diese auf Grund der Monroe-Doktrin das Schutzrecht gegen Europa zuschreibt. Nach der Wilson-Doktrin 1913 ist die Union auch der Garant für die gesetzmäßige Ausführung der Verfassung in den einzelnen Ländern auf Grund ihrer Vormachtstellung in Amerika:
   a) Mexiko (sichtbar seit 1911),
   b) Venezuela (sichtbar seit 1905),
   c) Kolumbien (seit 1914).
6. Zukünftige Machtgebiete der Union, d. s. solche, die gegenwärtig noch im Besitze fremder Mächte sind, die diese aber nur sozusagen als Verwalter für den zukünftigen Besitzer, die Vereinigten Staaten, innehaben; welche infolgedessen als Objekte der europäischen Politik ausgeschieden sind und nur an die Vereinigten Staaten abgetreten werden dürfen:
   Von diesen sind vorwiegend militärisch wichtig:
   a) Bahamas, Curaçao, Barbados und Jamaika;

weniger wichtig:
   b) die übrigen kleinen Antillen.

Das Hauptbestreben der Union wird dahingehen, Mittelamerika und Westindien immer enger an sich heranzuziehen. Als Ziele schweben vor:

1. Die Nutzbarmachung dieser Gebiete für die wirtschaftlichen Interessen der Vereinigten Staaten (Wirtschaftsprovinzen).

2. Die feste Sicherung der Vorherrschaft über die interozeanische Durchfahrt, was nur erreicht werden kann, durch Erweiterung der Machtzone der Vereinigten Staaten bis an die Nordgrenzen Brasiliens und Ecuadors, wo die Glacis für die Beherrschung des westindischen Mittelmeeres beginnen.
3. Die Herstellung einer tragfähigen Brücke, um die südamerikanischen Staaten fester mit dem Norden zu verbinden.

Charakteristik des amerikanischen Imperialismus.

Gründe. Fletcher Johnson vergleicht die Expansion der Vereinigten Staaten mit dem natürlichen Wachstum eines Mannes, das eigentlich schon von seiner Geburt beginne und im Alter von körperlicher zu geistiger Reife fortschreite. Ein Stillstand dieses Ausdehnungsdranges führe ebenso, wie die Hemmung des Wachstums eines Menschen, zur Verkümmerung. Die geographische Lage hat die Ausdehnung der Vereinigten Staaten nach Süden begünstigt. Die Nähe der infolge ihres Klimas an Kolonialwaren reichen Länder und Inseln schuf naturgemäß bald einen Verkehr mit den Teilen des amerikanischen Festlandes, die ihrerseits Produkte der gemäßigten Zone ausführten. Der Widerstand, den in der Kolonialzeit die Besitzer Westindiens dem nordamerikanischen Handel entgegensetzten, mußte auf die Dauer aussichtslos sein, da auch die größte Machtentfaltung das Übergewicht der geographischen Nähe nicht aufzuheben vermochte. Im Laufe des 19. Jahrhunderts ist nun das positive Moment, die Macht des nordamerikanischen Kontinents, dauernd stärker, das negative, der Zusammenhang Westindiens mit Europa, dauernd schwächer geworden. Seit Beginn des 19. Jahrhunderts sind die Amerikaner der angreifende, Europa der verteidigende Teil. Der amerikanische Volkscharakter, der nur in der Beherrschung eines möglichst weiten Raumes Befriedigung zu finden glaubt, verlangt stets neue Vorstöße in die fremden Gebiete, denen die verantwortlichen Leiter oft nur zögernd gefolgt sind, manchmal aber auch selber den Weg gezeigt haben. Nach der Eingliederung des Westens ist das westindische Mittelmeergebiet zum Hauptgegenstand der amerikanischen Expansion aus den eben angeführten Gründen geworden.

Methoden. Jeder Großmacht stehen zur Erreichung imperialistischer Ziele drei Mittel zur Verfügung: die militärische Macht, der politische Einfluß und die wirtschaftliche Durchdringung. Im Laufe des Jahrhunderts hat sich die Art der Verwendung dieser drei Mittel wesentlich verschieden gestaltet. Beim Louisianakauf gebrauchte man die politischen Machtmittel unter Drohung mit den militärischen; bei dem Vorgehen gegen Cuba und Mittelamerika war es ähnlich. In immer steigendem Maße ist daneben die Kraft des Geldes in den Dienst des Expansionsgedankens gestellt worden. Die „Dollar diplomacy" ist mehr und mehr an die Stelle der Erringung der Macht auf rein politischen Wegen getreten. Heute ist das ganze Gebiet, wirtschaftlich eine Provinz Amerikas geworden, und der Amerikaner weiß seine Stellung als Arbeitgeber auszunutzen, indem er sich als Entgelt politische Rechte gewähren läßt und diese, falls sie ihm verweigert werden, durch militärische Machtmittel erringt. Die panamerikanische Idee wird dabei als Hilfsmittel für die Interessen der Vereinigten Staaten aufgerufen. Die Vereinigten Staaten haben zwei Arten wirtschaftlicher Machtmittel gegen die kleinen Republiken: die Kontrolle der Staatsfinanzen durch die Beamten einer ihr nahestehenden Bankengruppe oder die Beherrschung der Einnahmen dadurch, daß große Monopolgesellschaften, wie die United Fruit Co., der Zucker- oder Petroleumtrust, sämtliche gewinnbringende Erwerbszweige von sich abhängig machen, sich so auf weite Kreise der Einwohner einen ausschlaggebenden Einfluß sichern, durch diesen auch die Leitung des Staates beherrschen und diese Macht natürlich für die Interessen der Vereinigten Staaten ausnutzen. Fassen wir noch einmal kurz zusammen: das Hauptmittel der militärischen Expansion ist eine starke Flotte, das der politischen Monroe-Doktrin und Panamerikanismus, der wirtschaftlichen Anleihen und kapitalkräftige Erwerbsunternehmungen größten Stils.

Hindernisse. Die Hindernisse liegen vor allem in der Zusammensetzung und Beschaffenheit der mittelamerikanischen Bevölkerung. Lateiner und Angelsachsen, Weiße und Mischlinge, sind nun einmal ungleichwertig. Von den 35 Millionen, welche ungefähr Mittelamerika und Westindien bevölkern, sind wohl 90 Prozent, wenn nicht noch mehr, keine Weißen.[1]) Hier liegt auch die Hauptschwierigkeit für die Eingliederung dieser Gebiete in die Union. Dazu kommt noch die Verschiedenheit des Religionsbekenntnisses und der Sprache. Dort, wo die Schwarzen überwiegen, wird wohl die Union niemals bereit sein, sich diese Gebiete als Staaten anzugliedern, und bei den Staaten mit vorwiegend indianischer Bevölkerung wird es wohl ähnlich sein. Man vergegenwärtige sich doch einmal, daß, sollte Mittelamerika wirklich in die Union gleichberechtigt eintreten, die Zahl der Farbigen in einem solchen vergrößerten Uniongebiete etwa 1/3 der Gesamtbevölkerung betragen würde. Das weiß man in Washington auch ganz genau und man will daher diese Staaten nur lenken, nicht regieren. Die Vereinigten Staaten haben eingesehen, daß die Zeiten, in denen man sich Völker und Länder ohne die nötigen wirtschaftlichen Sicherungen angliederte, vorbei sind und nur die Beherrschung und Besserstellung des wirtschaftlichen Lebens in den Schutzstaaten und die kluge Vermeidung offener Eingriffe in ihre Rechte dauernde, für beide Teile befriedigende Schutzverhältnisse schafft. Ebenso klar haben sie erkannt, daß die Lockerung der äußeren politischen Bindemittel eine feste Anziehung der wirtschaftlichen bedingt.

Von den auswärtigen Mächten hatte die Union bis 1914 im westindischen Mittelmeer nichts zu fürchten. Ob in Zukunft einmal ein Zusammenwachsen von Kanada und Britisch-Westindien, was allerdings für die Vereinigten Staaten infolge Flankierung von beiden Seiten sehr unangenehm werden könnte, zur Tatsache wird, läßt sich nicht entscheiden, ebenso wenig, ob Japans wirtschaftliches Vordringen einmal sich mit dem der Vereinigten Staaten auch im westindischen Mittelmeer, so stark kreuzt, daß beide Mächte zu den Waffen greifen werden. Ob die spätere Gestaltung einmal so erfolgt, daß ein mittelamerikanischer Festlandsbund einerseits, ein Antillenbund andrerseits — beide natürlich unter der Vormundschaft der Vereinigten Staaten — entstehen werden, oder ob das ganze Gebiet doch einst noch ein Teil der Union wird, wissen wir nicht. Die Arbeit des amerikanischen Volkes, sich zum Alleinherrscher im Gebiete des westindischen Mittelmeeres zu machen und von da aus seinen Einfluß, die „Pax Americana", auszudehnen, wird nicht aufhören; denn, wie Johnson sagt: „Expansion has never been and never should be an end in itself."

[1]) Vgl. Tabelle 2. S. 102.

Schluß.

Hier kehren unsere Gedanken wieder zu dem zurück, dem wir bei Beginn unserer Betrachtungen einige Worte gewidmet hatten, der Parallele zwischen europäischer und amerikanischer Expansion. In ihren letzten Zielen sind sich beide gleich, indem beide nicht nur im Interesse des größeren, sondern auch des kleineren Staates eine enge Verschmelzung zwischen beiden anstreben. Ihrer ganzen, vorwiegend auf das Wirtschaftliche gerichteten Entwicklung entsprechend, haben die Vereinigten Staaten sich auch in erster Linie bei ihren Expansionsbestrebungen der wirtschaftlichen Machtmittel bedient und wie man beinahe behaupten möchte, vielleicht langsamer, aber desto sicherer ihr vorgesetztes Ziel erreicht. Im allgemeinen wurden die militärischen Machtmittel erst dann angewandt, wenn der kleinere Staat finanziell völlig amerikanisiert war und seine Abtrennung mit einem scharfen Schnitte erfolgen konnte. In Europa dagegen vollzog sich die Angliederung eines kleineren Staates meistens derartig, daß zunächst die militärische Gewalt in der alten Form der Annexion angewandt wurde und man erst später versuchte, das mit dem Schwerte erworbene mit dem Gelde sich fügsam zu machen und es in das eigene Wirtschaftsgebiet hereinwachsen zu lassen. Aber wenn man den Verlauf der letzten Zeit überblickt, so will es beinahe scheinen, als ob die amerikanische Methode nicht nur spezifisch sei für die neue Welt, sondern überhaupt für die neue Zeit. Beide Mittel, das der politischen und wirtschaftlichen Gewalt müssen sich ergänzen, soll den Weltmächten die Zusammenschließung weiter Raummassen zu einem einheitlich arbeitenden Staatsgebilde gelingen.

Tabelle 1.

Der Handel der Vereinigten Staaten mit den wichtigsten Ländern des westindischen Mittelmeergebietes.

Einfuhr = Einfuhr Westindiens nach der Vereinigten Staaten
Ausfuhr = Ausfuhr der Vereinigten Staaten nach Westindien

	1893		1901		1913		1916	
	Einfuhr	Ausfuhr	Einfuhr	Ausfuhr	Einfuhr	Ausfuhr	Einfuhr	Ausfuhr
1. Cuba	78,7	24,1	43,4	26,0	126,0	70,5	243,7	164,6
2. Haiti	0,7	5,5	1,2	3,4	0,9	6,6	3,7	7,4
3. San-Domingo .	2,4	1,1	3,5	1,8	3,7	5,8	14,9	9,3
4. Costa-Rica . .	2,3	1,2	3,0	1,9	3,1	3,5	4,5	4,0
5. Guatemala . .	2,5	1,8	3,5	1,4	3,1	3,6	9,8	4,7
6. Honduras . . .	0,7	0,5	1,5	1,1	3,2	3,2	3,9	5,2
7. Nicaragua . . .	1,4	0,9	2,0	1,5	1,4	1,4	2,6	3,8
8. Panamá . . .	—	—	—	—	4,2	24,7[1]	6,5	25,1[1]
9. Mexiko	35,5	33,5	28,8	36,5	77,5	54,6	105,1	52,9

(Die Werte verstehen sich in Millionen Dollars Gold.)

Tabelle 2.

Die weiße Bevölkerung im westindischen Mittelmeergebiet beträgt:

(Schätzung 1913)

in	Cuba	etwa	70 %	
,,	Haiti	,,	1/10 %	
,,	S. Domingo	,,	5 %	
,,	Jamaica	,,	3 %	
,,	Franz. Antillen	,,	3 %	
,,	Costarica	,,	85 %	(Creolen[2])
,,	Nicaragua	,,	1 %	
,,	S. Salvador	,,	1/10 %	
,,	Honduras	,,	2 %	
,,	Guatemala	,,	65 %	(?[2])

[1]) Meist Kanalgut,
[2]) mit Mischlingen.

Literaturverzeichnis.

Andree, Karl, Geographie des Welthandels. Band 3. Frankfurt a. M. 1913.

American foreign policy. By a diplomatist .. Boston and New York 1909.

Bancroft, H. H., History of Central America S. Francisco. 1882—1887.

— Life of Seward. New York und Boston 1900.

Bryce, James, The American Commonwealth. London 1888.

Buchanan, W. J., The Central American Peace Conference, held at Washington 1907. Washington 1908.

Bulletins of the Panamerican Union, herausgegeben vom International bureau of the American Republics. Washington 1890 ff.

Büchi, R., Geschichte der panamerikanischen Bewegung. Breslau 1914.

Bürklin, W., Süd- und Mittelamerika unter dem wirtschaftlichen Einfluß des Weltkrieges. Göttingen und Berlin 1915.[1])

Butte, G. C., Great Britain and the Panamacanal. Heidelberg 1913.

Caldéron, Garcia, Die lateinischen Republiken Amerikas. Leipzig 1913[1])

Commerce Reports (Amerikanische Konsulatsberichte). Washington.

Congressional Records, Washington.

Coolidge, A. C., Die Vereinigten Staaten als Weltmacht. Berlin 1908.

Daniels, Emil, Königin Viktoria und Lord Palmerston. Preußische Jahrbücher 1910.

Darmstädter, P., Geschichte der Vereinigten Staaten von Amerika. Leipzig 1908.[1])

[1]) Mit Bibliographie.

Deckert, E., Cuba. Bielefeld und Leipzig 1899.
Deutsches Handelsarchiv. Berlin, monatlich.
Domville-Fife, Charles W., Guatemala and the States of Central America. London 1913.
Firmin, A., Roosevelt et la Republique Haiti. New York-Paris 1905.
— Lettres de St. Thomas. New York-Paris 1910.
Frankfurter Zeitung.
Fortier-Ficklen, Central America and Mexico. Philadelphia 1907. (History of North America vol. 9.)
Gorce, Paul de la, Histoire du Second Empire. Paris 1899 Bd. IV.
Gothaischer Hofkalender. Gotha.
Herrera, A. de, Description des Indes orientales. Amsterdam 1622.
Hill, R. T., Cuba and Porto Rico with the other Islands of the West Indies. London 1898.
Hoetzsch, O., Die Vereinigten Staaten von Nordamerika. Bielefeld und Leipzig 1904.
Hoffmann, P. G., Der Panamakanal. (Deutsche Rundschau 1914).
Humboldt, A. von, Versuch über den politischen Zustand der Insel Cuba (Ges. Werke Bd. 12). Stuttgart o. J.
— Versuch über den politischen Zustand des Vizekönigreiches Neu-Spanien (Ges. Werke 9, 10). Stuttgart o. J.
Johnson, W. Fletscher, A Century of Expansion. New York. o. J.
Keiler, H., American Shipping. Jena 1913.
Latané, P., The United States as a World Power. 1897—1907. New York und London 1907.
Llorens, E. L., Monroismus — Panamerikanismus. Hamburg 1918.
Mac Kinley, A. E., Island possessions. Philadelphia 1907. (History of North America vol. 20).
St. Méraut A. de, Samaná et les projets de cession 1844—91. Paris 1896.
North American Review, New York, monatlich, (besonders die Aufsätze von Bancroft, Latané, Johnson.).
Oncken, H., Amerika und die großen Mächte (Lenz-Festschrift). Berlin 1910.
Palmer, A., Central America and its problems. London 1911.
Plüddemann, M., Der Krieg um Cuba. Berlin 1899.

Ratzel, F., Das Meer als Quelle der Völkergröße. München und Berlin 1911.

Roloff, G., Die Kolonialpolitik Napoleons I. München 1899.

— Geschichte der europäischen Kolonisation seit der Entdeckung Amerikas. Heilbronn 1913.

Roosevelt, Th., Aus meinem Leben. Leipzig 1914.

Rung, R., Die Bananenkultur (Ergänzungsheft zu Petermanns Mitteilungen 169). Gotha 1911.

Salomon, Die Grundlage der Auswärtigen Politik Englands. Zeitschrift für Politik Bd. III. 1910.

Sapper, K., Mittelamerikanische Reisen und Studien. 1888—1902. Braunschweig 1903.

— Die Ansiedlungen der Europäer in den Tropen II: Mittelamerika und Westindien. Schriften des Vereins für Sozialpolitik, Band 147. Leipzig 1912.

Schoenborn, W., Die Besetzung von Vera Cruz. Berlin und Leipzig 1914.

Schurz, C., Lebenserinnerungen. Bd. 2. 3. Berlin 1906 ff.

— Life of Henry Clay. Boston o. J.

— American Imperialism. Boston 1899.

Sievers, W., Süd- und Mittelamerika. Leipzig 1915.[1]).

Singer, S., Die mexikanischen Finanzen und Wilsons auswärtige Politik. Berlin. 1914.

Supan, A., Die territoriale Entwicklung der europäischen Kolonien. Gotha 1906.

Süd- und Mittelamerika. Zeitschrift. Berlin.

Südamerikanische Rundschau. Zeitschrift. Karlsruhe.

Wagemann, E., Britisch-Westindische Wirtschaftspolitik. Leipzig. 1909.

Zimmermann, A., Die europäischen Kolonien. 5 Bände. Berlin 1896 ff.[1]).

[1]) Mit Bibliographie.

Druckfehler-Verzeichnis.

Seite 28	Zeile 22	lies:	genannten anstatt anerkannten.
„ 41	„ 7	„	probability anstatt probility.
„ 41	„ 9	„	destiny anstatt desting.
„ 79	„ 15	„	an eine Besserung.

Drasc

Hamburg: L. Friederichsen & Co

Vordringen der Vereinigten Staaten im Westindischen Mittelmeergebiet

FSC
www.fsc.org
MIX
Papier | Fördert gute Waldnutzung
FSC® C083411

Zeitfracht Medien GmbH
Ferdinand-Jühlke-Straße 7
99095 Erfurt, Deutschland
produktsicherheit@kolibri360.de